U0310972

激光弯曲成形及
功能梯度材料成形技术

尚晓峰　苏荣华　王志坚　著

北　京

冶金工业出版社

2013

内 容 简 介

本书系统地介绍了激光制造技术，包括激光制造技术的发展、应用及分类。书中分别从实验研究、理论研究、数值模拟研究三个方面介绍了激光金属弯曲成形的机理。本书对功能梯度材料激光快速成形系统，及在钛合金表面制备出钛基耐磨功能梯度材料进行了介绍。

本书适合于高等学校、科研院所、企业中从事激光制造技术研究以及应用的技术人员参考与使用。

图书在版编目（CIP）数据

激光弯曲成形及功能梯度材料成形技术/尚晓峰，苏荣华，王志坚著. —北京：冶金工业出版社，2013.11
ISBN 978-7-5024-6383-0

Ⅰ.①激…　Ⅱ.①尚…　②苏…　③王…　Ⅲ.①激光技术—应用—功能材料—弯曲成型　Ⅳ.①TB34

中国版本图书馆 CIP 数据核字（2013）第 263281 号

出 版 人　谭学余
地　　址　北京北河沿大街嵩祝院北巷 39 号，邮编 100009
电　　话　(010)64027926　电子信箱　yjcbs@cnmip.com.cn
责任编辑　李　臻　美术编辑　杨　帆　版式设计　杨　帆
责任校对　禹　蕊　责任印制　张祺鑫
ISBN 978-7-5024-6383-0
冶金工业出版社出版发行；各地新华书店经销；三河市双峰印刷装订有限公司印刷
2013 年 11 月第 1 版，2013 年 11 月第 1 次印刷
148mm×210mm；7.75 印张；228 千字；236 页
25.00 元

冶金工业出版社投稿电话：(010)64027932　投稿信箱：tougao@cnmip.com.cn
冶金工业出版社发行部　电话：(010)64044283　传真：(010)64027893
冶金书店　地址：北京东四西大街 46 号(100010)　电话：(010)65289081(兼传真)
（本书如有印装质量问题，本社发行部负责退换）

前　言

　　快速原型（RP）技术自20世纪80年代末兴起以来取得长足的发展和进步。近两年来，风靡全球的三维打印（3DP）技术将快速原型技术的研究和应用推向新的高潮。高功率激光快速成形技术作为快速原型技术的重要分支，一直是科技工作者研究和应用的热点。

　　本书根据辽宁工程技术大学苏荣华教授和沈阳航空航天大学尚晓峰、王志坚副教授多年研究成果汇集编著而成。书中系统论述了激光制造技术的发展历史、工艺分类及实践应用。从实验分析、理论推导及数值模拟三方面进行了激光金属弯曲快速成形机理研究。考虑到现实工程背景中存在不可避免的随机因素，将随机模型引入，考虑激光加工过程中几何参数、材料参数、工艺参数的随机变异性，采用 Monte - Carlo 方法，定义相对均差系数、变异系数两个无量纲量，对已有的有影响力的激光弯曲成形弯曲角计算公式给出了变异性分析结果。对两次激光弯曲成形扫描过程中预热温度对温度场、位移场的影响规律进行了分析，发现随着预热温度的升高，金属板自由端节点 Z 方向位移逐渐增大；同单次激光弯曲成形扫描相比，由于预热温度的提高，第二次扫描获得的位移增量小于单次扫描获得的位移增量。研究了采用激光快速成形技术制备功能梯度材料的设备、软件、工艺和材料分析等技术，构建功能梯度材料激光快速成形系统；完善功能梯度材料激光快速成形软件；对成形过程进行温度场仿真计算并且对结果进行分析；在钛合金表面制备原位自生 TiC 颗粒增强的钛基耐磨功能梯度材料。观察了钛合金功能梯度材料的宏、微观组织并采用摩擦磨损试验机测试钛合金功能梯度材料的摩擦系数及耐磨性能。

全书包括三个部分，共 10 章。第一部分介绍激光制造技术，主要包括：激光制造技术概述、激光弯曲成形技术、功能梯度材料的激光快速成形；第二部分研究金属激光弯曲成形机理，主要包括：金属激光弯曲成形实验、金属激光弯曲成形过程随机变异性分析、金属激光弯曲成形过程有限元模拟；第三部分研究功能梯度材料激光快速成形，主要包括：功能梯度材料激光快速成形系统、功能梯度材料激光快速成形系统软件、功能梯度材料激光快速成形工艺方法、功能梯度材料激光快速成形零件性能分析。

本书由尚晓峰、苏荣华、王志坚编著，具体分工是王志坚编著第 1、9 章，苏荣华编著第 2、4~6 章，尚晓峰编著第 3、7、8、10 章。沈阳航空航天大学硕士研究生赵青贺、邓卫东参加了参考文献的收集整理、插图绘制以及文字录入工作。全书由苏荣华教授审稿、定稿。

本书由国家自然科学基金资助项目"基于 CA – LB 多场耦合的钛合金激光快速成形熔池凝固枝晶生长机理研究"支持。适合于高等学校、科研院所、企业中从事激光制造技术研究以及应用的人员参考与使用。

由于我们水平有限，编写时间仓促，书中难免有不妥之处，恳请广大读者批评指正。

编　者
2013 年 7 月

目　　录

第一部分　激光制造技术

第二部分　金属激光弯曲成形机理

第三部分　功能梯度材料激光快速成形

第一部分 激光制造技术

1 激光制造技术概述

1.1 激光制造技术的概念

激光制造是以激光光子作为能量的载体，通过光子与材料的相互作用，引起材料一系列的物理和化学变化，从而实现材料的制备、切割、打孔、刻槽、标记等应用工艺。

激光制造技术包含两方面的内容：一是制造激光光源的技术；二是利用激光作为工具的制造技术。前者为制造业提供性能优良、稳定可靠的激光器以及加工系统；后者利用前者进行各种加工和制造，为激光系统的不断发展提供广阔的应用空间。两者是激光制造技术中不可或缺的环节，不可偏废。激光制造技术具有许多传统制造技术所没有的优势，例如，材料浪费少，在大规模生产中制造成本低；根据生产流程进行编程控制，在大规模制造中生产效率高；可接近或达到"冷"加工状态，实现常规技术不能执行的高精密制造；对加工对象的适应性强，且不受电磁干扰，对制造工具和生产环境的要求低；噪声低，不产生任何有害的射线与残剩，生产过程对环境的污染小等，是一种符合可持续发展战略的绿色制造技术。

1.2 激光制造技术的发展及应用

1.2.1 激光制造系统的发展

用于制造业中的激光系统即激光制造系统一般由激光器、激光传输系统、激光聚焦系统、控制系统、运动系统、传感与检测系统组成，其核心为激光器。

激光作为热源或光源（能量）是激光制造中的"刀具"或"工具"。该"刀具"或"工具"的质量直接影响着加工制造的结果。激光光束质量的好坏可以用光束远场发散角、光束聚焦特征参数值 K_f 和衍射极限倍因子 M_2（M）或光束传输因子 K 值来表征。对于小功率激光器，工作物质均匀稳定，一般可以实现基模输出，其光束横截面能量分布为高斯分布，且在传输过程中保持不变，光束质量较好；对于大功率激光器，一般不易得到基模输出，输出的往往为多模激光束，质量变差。目前工业上常用的大功率激光器有 CO_2 激光器和 YAG 激光器两种。大功率激光器的工业应用领域很广，激光切割、激光焊接都需要优良的光束质量，而追求高光束质量的大功率激光是工业用激光器不断发展的目标。

从 1964 年第一台 CO_2 激光器出现到现在，经过近五十年的发展，从封离式 CO_2 激光器、慢速轴流 CO_2 激光器、横流 CO_2 激光器，到高频罗兹泵型快速轴流 CO_2 激光器、射频 turbo 型快速轴流 CO_2 激光器以至目前出现的扩散型 Slab CO_2 激光器的发展中可以看到，一方面激光输出功率不断提高，体积不断缩小；另一方面激光器的效率不断提高，光束质量越来越好。扩散型 Slab CO_2 激光器光束横截面上的光强分布接近高斯分布，具有极好的光束质量，在加大的激光加工工作区焦点的漂移很小，非常有利于大范围激光传输与聚集，这对大尺寸工件的切割应用非常重要。

工业用固体 YAG 激光器也经历了从小功率灯泵浦（棒状）、灯泵浦（板条）、双灯泵浦（多棒）到光纤泵浦（棒状）、半导体泵浦（棒状）和固体激光器（片状）的过程。由于受工作物质热物理性质的制约，YAG 激光光束质量模式相对较差。如何提高光束质量和激光功率，仍是 YAG 激光器面临的主要问题。

值得注意的是近年来发展起来的半导体激光器。半导体激光器具有小型化、频率极高、与光纤耦合良好、易于调制等优良特性，因而具有广阔的应用前景。

要在不同产业中广泛应用激光制造技术，很大程度上依赖于激光加工系统的性能与工艺。欧、美、日一些国家在新光源、加工系统及工艺等方面的研究与开发就从未降温过。随着激光工作物质的研究与开发、器件与单元技术的改进和创新，以高性能、宽波段、大功率为特征的激光取得了蓬勃的发展，如紫外光输出的 KrF 与 ArF 准分子激光器、倍频激光器等。尤其是高功率光纤激光的出现使激光制造的移动式定位加工变得更加便利。

1.2.2 激光制造技术的应用

与传统制造技术相比，激光制造技术突出的优势主要体现在以下几个方面：

（1）特种材料特殊要求的加工。激光焊接与大多数传统的焊接方法相比具有突出的优点。激光能量的高度集中和加热、冷却过程极其迅速可破坏一些难熔金属表面的应力阈值，或使高热导率和高熔点金属快速熔化，完成某些特种金属或合金材料的焊接，而且在激光焊接过程中无机械接触，容易保证焊接部位不因热压缩而变形，还排除了无关物质落入焊接部位的可能；如果采用大焦深的激光系统，还可实现特殊场合下的焊接，比如，由软件控制的需隔离的远距离在线焊接、高精密防污染的真空环境焊接等；在不发生材料表面蒸发的情况下可熔化最多数量的物质，达到高质量的焊接。以上特点是传统焊接工具与方法很难或完全不能做到的。目前在汽车、国防、航空航天等一些特殊行业已普遍采用激光焊接技术。例如欧洲一些国家在高档汽车车壳与底座、飞机机翼、航天器机身等一些特种材料的焊接中，激光的应用已基本取代了传统的焊接工具和方法。

（2）特殊精度的加工制造。这里指的特殊精度除通常意义下的精确定位外，主要还体现在材料内部热传导效应量级的控制上。激光的显著特点之一就是可采取连续和脉冲方式输出。以固体的钻孔与切割为例，激光能量高度集中，以及加热、冷却速度快的特点可实现传统技术达到的普遍要求，加工属热化学过程。突出的是，通过脉冲式激光辐射可达到接近"冷"加工的光化学动力过程。一方面选择脉冲的时间宽度，使得材料内的热传导过程和热化学反应来不及发生；另一方面通过控制激光的功率密度和脉冲计数，按要求达到确定的去除深度，从而实现高精度的"线"切割和"点"钻孔加工。欧美一些国家在许多有特殊要求的领域和产业中已普遍采用这种脉冲激光制造技术。

（3）微细加工制造。激光微细加工技术最成功的应用是在 20 世纪后半叶发展起来的微电子学领域。激光微细加工作为微电子集成工艺中的单元微加工技术之一，现已形成固定模式并投入规模化生产中。除此之外，能突显其优势的领域还有精密光学仪器的制造、高密度信息的写入存储、生物细胞组织的医疗等。选择适当波长的激光，通过各种优化工艺和逼近衍射极限的聚焦系统，可获得高质量光束、高稳定性微小尺寸焦斑的输出。利用其锋芒尖利的"光刀"特性，可进行高密微痕的刻制、高密信息的直写；也可利用其光阱的"力"效应，进行微小透明球状物的夹持操作。例如高精密光栅的刻制（精密光刻）；通过 CAD/CAM 软件进行仿真图案或文字的控制，实现高保真打标；利用光阱的"束缚力"，对生物细胞执行移动操作（生物光镊）；高密度信息的激光记录和微细机械零部件的光制造。

1.3　激光制造技术的分类

激光制造技术主要包括：激光快速成形技术、激光焊接技术、激光表面工程技术和激光弯曲成形技术。本小节主要介绍前三种分类，激光弯曲成形技术将在本部分的第 2 章着重介绍。

1.3.1　激光快速成形技术

1.3.1.1　激光快速成形技术的基本原理

激光快速成形技术的基本原理是先由 CAD 软件产生零件实体模型；然后用分层软件对 CAD 实体模型按照一定的厚度进行离散分层切片处理，获取各截面的几何信息；接着根据切片轮廓设计出扫描轨迹，并将其转化成 NC 工作台的运动指令。成形时将具有一定功率密度的激光束照射到基材表面形成熔池，同时金属粉末由送粉器送出，经送粉管路输送到同轴送粉头并进入熔池形成熔覆层，根据 CAD 给定的各层截面路径规划，在 NC 的控制下使送粉头相对于工作台运动，将金属材料逐层扫描堆积，最后制造出金属实体零件。为防止某些金属在成形的过程中氧化，以上过程可在一个气氛可控的保护箱中进行或采用其他手段来进行保护，使激光成形过程中的金属不被氧化。激光快速成形的原理如图 1-1 所示，利用了"离散/堆积"的制造思想，将"材料设计、制备"与"近净成形"有机融为一体，是集数字化、柔性化以及高效低成本为一体的先进制造技术。

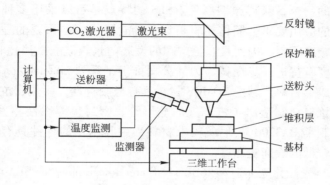

图 1-1　激光快速成形原理

1.3.1.2　激光快速成形技术的特点

由于快速成形技术（包含激光快速成形技术）仅仅在需要增加材料的地方增加材料，所以从设计到自动化，从知识获取到计算机处理，从计划到接口、通讯等方面来看，非常适合于 CIM、CAD 及 CAM，因此与传统的制造方法相比，激光快速成形显示出诸多的优点：

（1）制造速度快、成本低，为传统制造方法注入新的活力，而且可实现自由制造（Free Form Fabrication），产品制造过程以及产品造价几乎与产品的批量和复杂性无关。

（2）采用非接触加工的方式，没有传统加工的残余应力问题，没有工具更换和磨损之类的问题，无切割、噪声和振动等，有利于环保。

（3）可实现快速铸造、快速模具制造，特别适合于新产品开发和单件零件生产。

1.3.1.3　激光快速成形技术的工艺方法

激光快速成形技术的工艺方法包括：

（1）选择性激光烧结（SLS——Selected Laser Sintering）。SLS 技术是根据 CAD 生成的三维实体模型，通过分层软件分层，获得二维数据驱动控制激光束，有选择性地对铺好的各种粉末材料进行烧结，加工出要求形状的薄层，逐层累积形成实体模型，最后去掉未烧结的松散的粉末，获得原型制件。SLS 的特点是可以采用多种材料适应不同的应用要求，固体粉材可以作为自然支撑，重要的是可以直接制造金属零件，因而具有更广阔的发展前景。但能量消耗非常高，成形精度有待进一步提高。DTM 公司推出了系列 Sinterstation 成形机及多种成形材料，其中 SOMOS 材料具有橡胶特性，耐热、抗化学腐蚀，用该材料制造出了汽车上的蛇形管、密封垫等柔性零件。EOS 公司研制了 PA3200GF 尼龙粉末材料，用其制作的零件具有较高的精度和较低的表面粗糙度。

（2）光固化立体造型（SL——Stereolithography，or SLA）。将计算机控制下的紫外激光按预定零件各分层截面的轮廓轨迹，对液态光敏树脂进行逐线扫描，被扫描的树脂薄层产生光聚合反应固化形成零件的一个截面，再敷上一层新的液态树脂进行扫描加工，如此重复直到整个原型制造完毕。这种方法的特点是精度高、表面质量好，能制造形状复杂、特别精细的零件，不足是设备和材料昂贵，制造过程中需要设计支撑。

（3）叠层制造（LOM——Laminated Object Manufacturing）。根据 CAD 模型各层切片的平面几何信息对箔材进行分层实体切割。首先利用激光控制装置进行 $X-Y$ 平面切割运动，将铺在工作台上的一层箔材切成最下一层切片的平面轮廓，随后工作台下降一个切片高度，箔材送进机构又将新的一层箔材铺上并用热压辊碾压使其牢固地黏结在已成形的箔材上，激光再次进行切割运动并切出第二层平面轮廓，如此重复直至整个零件制作完成。LOM 的主要特点是设备和材料价格较低、制件强度较好、精度较高。Helisys 公司研制出多种 LOM 工艺用的成形材料，可制造用金属薄板制作的成形件，该公司还开发了基于陶瓷复合材料的 LOM 工艺。

（4）激光熔覆成形（LCF——Laser Cladding Forming）。LCF 技术的工作原理与 SLS 技术基本相同，通过对工作台的数控，实现激光束对粉末的扫描、熔覆，最终成形出所需形状的零件。研究结果表明：零件切片方式、激光熔覆层厚度、激光器输出功率、光斑大小、光强分布、扫描速度、扫描间隔、扫描方式、送粉装置、送粉量及粉末颗粒的大小等因素均对成形零件的精度和强度有影响。激光熔覆成形能制成非常致密的金属零件，因而具有良好的应用前景。美国 Michigan 的 POM 公司正在研制直接金属成形（Direct Metal Deposition，DMD）技术，用激光融化金属粉末，能一次制作出质地均匀、强度高的金属零件。

（5）激光近形制造（LENS——Laser Engineering Net Shaping）。LENS 技术由美国 Sandia National Lab 提出，它将快速成形技术（RP）和激光熔覆技术（Laser Cladding）相结合，快速获得致密度和强度均较高的金属零件。其方法是使用大功率 Nd. YAG 激光器将激光束聚焦在金属基体上熔化一个局部区域——熔池，同时通过三个分立的粉末喷嘴从三个等角方向向激光熔化的熔池里喷射金属粉末，金属粉末熔化后并在二维工作台平面运动的作用下形成一层新金属层，然后系统抬升一个分层厚度，新金属层继续沉积，如此层层叠架制成金属零件。该种技术已经制作出不锈钢、工具钢、钛合金等零件。

1.3.1.4 激光快速成形技术的发展现状

美国 3DSystems 公司 1988 年生产出世界上第一台 SLA250 型光固化快速成形机，开创了激光快速成形技术迅速发展和推广的新纪元。美国在设备研制、生产销售方面在全球占主导地位，其发展水平及趋势基本代表了世界的发展水平及趋势。欧洲和日本也不甘落后，纷纷进行相关技术研究和设备研发。中国香港和中国台湾比内地起步早，台湾大学拥有 LOM 设备，台湾各单位及军方安装多台进口 SL 系列设备。香港生产力促进局和香港科技大学、香港理工大学、香港城市大学等都拥有 RP 设备，其重点是关键技术的应用与推广。内地自 20 世纪 90 年代初开始进行研究，现有西安交通大学、华中科技大学、清华大学、北京隆源公司多所研究单位自主开发了成形设备并实现产业化。其中，西安交通大学生产的紫外激光 CPS 系列光固化成形系统以及相关新技术，引起了国内外的高度重视；华中科技大学研究 LOM、SLS 工艺，推出了系列成形机和成形材料；清华大学主要研究 RP 方面的现代成形学理论，并开展了基于 SL 工艺的金属模具的研究；北京隆源公司主要研究 SLS 系列成形设备和配套材料并承接相关制造工程项目。

1.3.1.5　激光快速成形技术的发展趋势

激光快速成形技术正在发生巨大的变化，主要体现在新技术、新工艺及信息网络化等方面，其未来发展方向包括：

（1）研究新的成形工艺方法。在现有基础上，拓宽激光快速成形技术的应用，探索新的成形工艺。

（2）开发新设备和开发新材料。新设备研制向两个方向发展：自动化的桌面小型系统，主要用于原型制造；工业化大型系统，用于制造高精度、高性能零件。成形材料的研发及应用是目前 RP 技术的研究重点之一。发展全新材料，特别是复合材料，如纳米材料、非均质材料、功能材料是当前的研究热点。

激光快速成形技术是多学科交叉融合一体化的技术系统，正在不断研究开发和推广应用中，与生物科学交叉的生物制造、与信息科学交叉的远程制造、与纳米科学交叉的微机电系统等为集成制造提供了广阔的发展空间。随着科学技术和现代工业的发展，它对制造业的作用日益重要并趋向更强的综合性。作为一项新型的制造技术，激光快速成形以其分层制造的思想和一体化的设计在其出现之始就引起了各界的广泛关注，迅速成为制造界的研究热点。经过十几年的发展，激光快速成形技术已突破了其最初意义上的"原型"概念，向着快速零件、快速工具的方向发展。占主导地位的 SLA、LOM、FDM、SLS 等较成熟且已商品化的快速成形技术逐渐被学术界和工业界认识采用，并在实践中逐渐确定了自己的应用范围。但激光快速成形技术的产生与发展只有十几年时间，还有较大的发展空间：（1）没有黏结剂金属材料的快速制造，特别是高熔点、高强度金属零件的制造；（2）各种快速成形方法中材料成形机理、成形性能的研究，最终实现快速成形材料的商品化；（3）成形工艺和设备的开发与改进，以提高原型件的表面质量、尺寸精度、力学性能；（4）探索 RP 技术与传统加工、特种加工技术相结合的多种加工手段综合工艺，为快速模具、工具制造提供新的技术手段。随着激光快速成形技术的发展，新工艺、新材料的不断出现，势必会对未来的实际零件制造产生较大影响，对制造业产生巨大的推动作用。

1.3.2　激光焊接技术

1.3.2.1　激光焊接技术的原理

激光焊接是将高强度的激光束辐射至金属表面，通过激光与金属的相互作用，金属吸收激光转化为热能使金属熔化后冷却结晶形成焊缝。焊接机理有两种：激光热传导焊接和激光深熔焊接。

激光热传导焊接：焊件结合部位被激光照射，金属表面吸收光能而使温度升高，热量按照固体材料的热传导理论向金属内部传播扩散。激光参数不同时，扩散时间、深度也有区别，这与激光脉冲宽度、脉冲能量、脉冲频率等参数有关。被焊工件结合部位的两部分金属升温达到熔点而熔化成液体，很快凝固后，两部分金属焊接在一起。

激光焊接的效果、所需激光参数大小与被焊材料的物理特性有很大关系，主要是金属的热导率、熔点、金属表面状态、涂层、表面粗糙度、对激光的吸收特性等。

激光束作用于金属表面的时间在毫秒量级内，激光与金属之间的相互作用主要是金属对光的反射、吸收。金属吸收光能后，局部温度升高，同时通过热传导向金属内部扩散。

激光热传导焊接需要控制激光功率和功率密度，金属吸收光能后，不产生非线性效应和小孔效应。激光直接穿透深度只在微米量级，金属内部升温靠热传导方式进行。激光功率密度一般在 10^4 ~ $10^5 W/cm^2$ 量级，使被焊接金属表面既能熔化又不会气化，从而使焊件熔接在一起。

激光深熔焊接：与激光热传导焊接相比，激光深熔焊接需要更高的激光功率密度，一般需用连续输出的 CO_2 激光器，激光功率在

$200 \sim 3000\,W$ 的范围。激光深熔焊接的机理与电子束焊接的机理相似，功率密度在 $10^6 \sim 10^7\,W/cm^2$ 的激光束连续照射金属焊缝表面，由于激光功率密度足够高，使金属材料熔化、蒸发，并在激光束照射点形成一个小孔。这个小孔继续吸收光能，使小孔周围形成一个熔融金属的熔池，热能由熔池向周围传播，激光功率越大，熔池越深，当激光束相对于焊件移动时，小孔的中心也随之移动，并处于相对稳定状态。小孔的移动就形成了焊缝，这种焊接的原理不同于脉冲激光的热传导焊接，图 1－2 就是激光深熔焊接小孔效应的示意图。

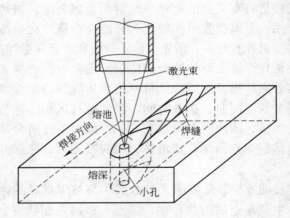

图 1－2　激光深熔焊接小孔效应

1.3.2.2　激光焊接技术的特点

激光焊接是激光材料加工技术应用的重要方面之一，属于熔融焊接，是利用高能量的激光脉冲对材料进行微小区域内的局部加热，激光辐射的能量通过热传导向材料内部扩散，将材料熔化后形成特定熔池以达到焊接的目的。其主要优点为：

（1）能量密度高，焊接时加热冷却极快，热影响区小，焊接应力和热变形小；

（2）非接触式加工，对焊接工件不产生外力作用，适合焊接难于接触的部位；

（3）激光束可以通过光学元件进行传输和变换，易于和机器人配合，自动化程度和生产效率高；

（4）焊接工艺稳定，焊缝表面和内在质量好，性能优异；

（5）可焊材质种类范围大（高熔点、高脆性的难熔金属、陶瓷、有机玻璃等），也可焊接异种材料；

（6）绿色环保，无污染；

（7）可以直接焊接，也可以添料焊接；

（8）不受电场磁场干扰，不需要真空保护。

激光焊接的主要缺点为：

（1）焊接淬硬性材料时易形成硬脆接头；

（2）高反射性及高导热性材料，如铝、铜及其合金等，焊接性会被激光改变；

（3）对焊件装配、夹持及激光束进行精确调整的要求较高；

（4）能源转换效率低，设备昂贵。

1.3.2.3 激光焊接技术的应用

激光焊接技术起源于 20 世纪 70 年代，主要用于薄壁材料、低速焊接，属于热传导性焊接过程。随着激光技术的发展，激光焊接在 20 世纪 80 年代开始迅速发展，尤其近 20 年，伴随着高功率 CO_2 和 YAG 激光器及光纤传输技术的发展完善，激光焊接在航空、汽车、电子、生物等领域的应用日趋广泛。目前，国内外主要研究内容包括激光焊接理论、焊接熔池建模与数值模拟以及激光焊接接头性能评价等。

（1）航空工业应用。激光焊接技术与航空制造工业相结合是一种在现代航空制造领域中应用轻质合金的重要手段，对航空器结构件、发动机部件间的连接起着非常重要的作用。20 世纪 70 年代，美国开始利用 15kW CO_2 激光器进行飞机制造业焊接实验，在空中客车 A340 飞机中的全部铝合金内隔板均采用激光焊接，大大简化了飞机机身的制造工艺；机身蒙皮与筋板的激光焊接取得了突破性进展，并已经在空中客车 A380 上得到了应用，在相同的结构刚度条件下，采用激光焊接技术取代传统的铆接能减轻机身质量的 10% ~ 20%，强度提高近 20%。我国也在中航集团北京航空制造工程研究所的高能束流加工技术国防科技重点实验室中研究激光焊接技术在航空器上的应用。

（2）汽车工业。激光拼焊（Tailored Bland Laser Welding）是汽车剪裁坯板生产的先进技术，在欧洲、美国、日本等各大汽车厂家的整车制造中得到了广泛的应用。早在 20 世纪 80 年代，欧洲的汽车制造厂就开始将激光焊接技术应用到侧框、车顶、车身等钣金材料的焊接上；90 年代，美国福特、克莱斯勒和通用等汽车公司也利用激光焊接技术进行车辆生产制造，并且发展的速度相当快；意大利的菲亚特公司在钢板组件的焊接装配中大部分采用了激光焊接技术；日本的丰田和日产在车身覆盖件的制造生产中都使用了激光焊接和切割技术。德国的奔驰公司还采用了在铝合金车身骨架焊接的焊缝中填充金属材料的生产线，有利于提高焊接速度，消除热裂纹。而国内应用起步较晚，直到 2002 年第一条激光拼焊板专业化生产线才在武汉正式投入生产。目前，国内激光拼焊板需求量迅速上升，国产高品质车型，如帕萨特、别克、奥迪、雅阁等都开始采用激光拼焊板。基于这种情况，宝钢集团在 2004 年 11 月和 12 月相继在上海和长春成立了激光拼焊板生产公司。随着激光焊接技术的日益成熟，在汽车生产线上如齿轮焊接、汽车底板及结构件的高速焊接已经取得了巨大的经济效益和社会效益。

（3）粉末冶金领域。随着科技的不断进步发展，在一些特殊领域对材料的属性有特殊的要求，传统冶金铸造工艺制造的材料在很大程度上已经不能完全满足使用要求。粉末冶金材料具有特殊的性能和优点，在汽车、飞机、工具等领域逐渐取代传统的冶铸材料，而与其他零部件的连接问题突出，极大地限制了粉末冶金的发展。20 世纪 80 年代初，激光焊接进入到粉末冶金行业，为其应用发展奠定了基础，开辟了道路。典型的应用是在制造金刚石工具中，采用激光焊接，条件选择得当时，可以提高耐高温性和焊接强度。20 世纪 80 年代初 Mosca 发现 CO_2 能成功地焊接某些 P/M 材料，德国的 Dr. Fritsch Sonder Maschinen Gmbh 公司研究出焊接金刚石钻头和锯片，提高了焊接强度。华中理工大学激光加工国家工程研究中心成功地将激光焊接技术应用于金刚石刃具的生产中，改变了传统的钎焊工艺。

（4）电子工业。随着电子工业的发展，电子元器件不断向小型化、集成化方向发展，传统的焊接技术已经不具备焊点小、焊接强度高、热影响区小的特点。相反激光焊接技术可以满足现代电子工业焊接的需求，特别是在微电子领域得到了广泛应用。日本应用激光点焊对双层电容器的锂电池连接端与引线进行焊接，测得的平均强度是传统焊接工艺的 2 倍。在仪器仪表的表芯封装、通讯设备中的同轴零件、信号传输元件、微波组件等的生产和装配中采用激光焊接技术，以提高焊接精度、装配质量，满足对生产率和生产质量的要求。

（5）生物医学。20 世纪 70 年代，Klink 及 Jain 等开始研究对血管和输卵管的激光焊接，并取得了成功，显示出了激光焊接技术在生物组织中的优越性。这使得更多的研究人员开始研究并推广激光焊接应用于其他生物组织，在神经焊接方面，国内外的研究者主要集中研究激光波长、剂量、焊料以及焊接后功能恢复等方面，刘铜军在对小血管和皮肤激光焊接进行研究的基础上对大白鼠的胆总管进行了研究。目前，国内医学上应用激光焊接较多的领域主要是口腔修复。激光焊接以其快速愈合并且不会发生异物反应、焊接后的部位可以保持良好的力学性能、被修复组织可按照原有组织状态生长的优点而会在以后的生物医学领域得到越来越多的应用和发展。

（6）其他领域。由于国内外科研人员和生产商的高度重视，激光焊接技术在特殊领域，如 BT20 钛合金、HE130 合金、Li‒ion 电池、玻璃等得到快速发展和应用。激光焊接开拓了柔性化的新方式，可以利用机器人进行水下焊接及危险地域焊接。

1.3.2.4　激光焊接技术的发展方向

A　激光器及焊接工艺的发展趋势

激光焊接技术的不断发展，使人们认识到单一的激光焊接存在着一定的缺陷，如在焊接过程中母材熔化后会汽化，形成小孔，在孔中的金属气体与激光束作用形成等离子云，使激光能量的利用率降低；对焊缝的平整度、内部质量有很大影响，焊接过程不稳定。为了消除这种现象，研究人员将其他热源加入到激光焊接中，以此改善激光对母材的加热形式，形成了复合热源焊接。这种复合焊接工艺综合了两（或多）种工艺的优点，可以得到更大的焊接深度、更快的焊接速度、更好的接头性能，获得稳定的焊接过程，降低生产成本。激光焊接所使用的激光器主要向大功率 CO_2 和 Nd：YAG 激光器方向发展，主要集中在提高激光器稳定性和延长寿命方面。

　　B　激光焊接的监测控制数值模拟

　　激光焊接过程的监测和控制技术研究，对掌握被焊接材料的属性及相应的焊接工艺有着极其重要的作用。而在研究焊接熔池的控制中，建立焊接熔池参数与焊接工艺间的关系至关重要，在试验中，获得的熔池信息越多，对焊接过程的控制结果越理想。很多学者利用激光焊接的小孔机制，对熔池的温度场、流动场及小孔的形状尺寸进行了模拟计算，取得了一定的成果。如 Dowden 等人提出的入射激光模型，假定能量通过传导机制传递给小孔壁，通过解热传导方程，得到了一个最大的理论熔深；Sonti 等人采用二维有限元非线性模型进行了铝合金激光深熔焊接传输过程的三维计算，得到了激光焊接的三维温度场；Dowden 分析小孔内的能量和压力平衡，建立一个小孔内液体和蒸气流动的通用模；王海兴等对前人提出的计算激光焊接深熔焊过程中熔池尺寸的方法进行了检验、改进与推广，从激光焊接过程中的能量平衡出发，预报了不同焊接工况下熔池的尺寸；刘顺洪进行了薄板激光焊温度场的分析与数值模拟，在空间域上用加权余量法，时间域上用有限差分法离散，考虑了材料热物性参数的温度相关性、熔化潜热以及对流辐射等对温度场的影响，建立了有限元方程，并编制了相应的程序。随着图像传感方法的改进，人们可以从熔池图像中获得熔池形状更多的特征信息，如熔池的宽度、长度和面积，利用这些信息建立同激光焊接工艺参数之间的关系，将在激光焊接的焊缝质量控制中起到重要作用，这将是激光焊接研究的一个重要方向。

1.3.3　激光表面工程技术

　　材料表面处理有许多种方法，应用激光对材料表面实施处理则是一门新技术。激光表面处理技术的研究始于 20 世纪 60 年代，但是直到 20 世纪 70 年代初研制出大功率激光器之后，激光表面处理技术才获得实际的应用，并在近十年内得到迅速的发展。激光表面处理技术，是在材料表面形成一定厚度的处理层，可以改善材料表面的力学性能、冶金性能、物理性能，从而提高零件、工件的耐磨、耐蚀、耐疲劳等一系列性能，以满足各种不同的使用要求。实践证明，激光表面处理已因其本身固有的优点而成为发展迅速、有前途的表面处理方法。

1.3.3.1　激光表面处理技术的原理及特点

激光是一种相位一致、波长一定、方向性极强的电磁波，激光束由一系列反射镜和透镜来控制，可以聚焦成直径很小的光（直径只有 0.1mm），从而可以获得极高的功率密度（$10^4 \sim 10^9 \mathrm{W/cm^2}$）。激光与金属之间的互相作用按激光强度和辐射时间分为几个阶段：吸收光束、能量传递、金属组织的改变、激光作用的冷却等。它对材料表面可产生加热、熔化和冲击作用。随着大功率激光器的出现，以及激光束调制、瞄准等技术的发展，激光技术进入金属材料表面热处理和表面合金化技术领域，并在近年得到迅速发展。激光表面处理技术是采用大功率密度的激光束、以非接触性的方式加热材料表面，借助于材料表面本身传导冷却，来实现其表面改性的工艺方法。它在材料加工中具有的许多优点是其他表面处理技术所难以比拟的：

（1）能量传递方便，可以对被处理工件表面有选择地局部强化；

（2）能量作用集中，加工时间短、热影响区小、激光处理后工件变形小；

（3）可处理表面形状复杂的工件，而且容易实现自动化生产线；

（4）激光表面改性的效果比普通方法更显著，速度快、效率高、成本低。

1.3.3.2　激光表面处理技术、应用及其国内外发展现状

A　激光淬火

应用激光将金属材料表面加热到相变点以上，随着材料自身冷却，奥氏体转变成马氏体，使材料表面硬化，同时硬化层内残留有相当大的压应力，从而增加了表面的疲劳强度。利用这一特点对零件表面实施激光淬火，则可以大大提高材料的耐磨性和抗疲劳性能。

最新研究成果表明，如果在工件承受压力的情况下实施激光表面淬火，淬火后撤去外力，则可以进一步增大残留的压应力，并可大幅度提高工件的抗压和抗疲劳强度。

由于激光表面淬火速度快，进入工件材料内部的热量少，由此带来的热变形小（变形量为高频淬火的 $1/3 \sim 1/10$）。因此，可以减少后道工序（矫正或磨制）的工作量，降低工件的制造成本。此外该工艺为自冷却方式，无需淬火液，是一种清洁卫生的热处理方法；便于用同一激光加工系统实现复合加工。因此可直接将激光淬火供需安排在生产线上，以实现自动化生产。又由于该工艺为非接触式，因此可用于窄小的沟槽和底面的表面淬火。

激光淬火由于具有以上优点而得到较为广泛的应用。发动机缸体表面淬火，可使缸体耐磨性提高 3 倍以上；热轧钢板剪切机刃口淬火，与同等未处理的刃口相比寿命提高了一倍左右；激光表面淬火还可应用在机床导轨淬火、齿轮齿面淬火、发动机曲轴的曲颈和凸轮部位局部淬火以及各种工具刃口淬火。美国通用汽车公司自 1974 年首次将 CO_2 激光器用于激光淬火以来，先后建立了 17 条激光热处理生产线，每日可处理零件 3 万件。该公司对易磨损的汽车转向器齿轮，其内表面采用激光处理出 5 条耐磨带，克服了磨损问题，且基本无变形。德国 MAN B&W 公司对 14V40/54 和 L58/64 型船用柴油机汽缸套内壁进行激光淬火；日本对 45 钢、铬钼钢、铸铁等材料进行激光淬火；美国 Coberent 公司用 500W 激光器对铸铁机床导轨进行淬火取得了较好的效果。我国也在积极进行激光淬火的研究和应用实践，天津渤海无线电厂采用美国 820 型 1.5kW 横流 CO_2 激光器对硅钢片模具进行表面淬火，大大提高了模具的耐磨性，使用寿命延长了 10 倍。青岛激光技工中心采用了 HJ – 3 千瓦级横流 CO_2 激光器，对柴油机汽缸孔进行表面淬火后，取代了硼缸套，耐磨效果优良、配副性优良、经济效益显著。

目前，在激光热处理方向的研究中，人们大多数进行温度、相变的简单计算，对相变后的相变组织分布、材料性能对温度场的相互影响却很少考虑。随着计算机的发展及计算方法的不断完善，激光热处理理论正向预测淬火材料性能、硬化层深度的方向发展。

　　B　激光表面熔凝

　　激光表面熔凝是采用近于聚焦的激光束照射，使材料表面层熔化，然后依靠自身冷却快速凝固。熔凝层中形成的铸态组织非常细密，能使性能得到改善，可以增强材料表层的耐磨性和耐蚀性。

　　激光表面熔凝技术基本上不受材料种类的限制，可获得较深（可达 2～3mm 以上）的高性能敷层，易实现局部处理，对基体的组织、性能尺寸影响很小，而且工艺操作方便。

　　应用激光表面熔凝技术，在可锻铸铁的摩托车凸轮轴表面获得了熔层厚 0.2mm、硬化层厚 0.7mm、宽 3.4～3.6mm、表面硬度为 895HV 的耐磨性很好的熔凝层。对耐磨铸铁活塞环进行处理后，寿命延长一倍，且与汽缸的匹配效果良好。对珠光体 + 铁素体基的铸铁梳棉机梳板进行处理后，耐磨性和抗崩裂性明显提高，且保持了较低的表面粗糙度。国外对 Al – 8Fe（Al 含量为 1%）合金进行激光熔凝硬化处理后的熔区枝晶进行微观计算机模拟及测量，得出了枝晶细胞头部半径与凝固速度的关系式和凝固速度对枝晶分布的影响规律。利用晶体生长的最小过冷度判据，对单晶合金激光重熔区组织的生长速度进行分析，建立了枝晶尖端生长速度与激光束扫描速度和固液面前进速度的关系。根据分析，发现激光熔池中枝晶组织生长方向强烈地受基材晶粒取向和激光束扫描方向的影响。

　　C　激光表面合金化

　　激光表面合金化是一种用激光将合金化粉末和基材一起熔化后迅速凝固，在表面获得合金层的方法。这种方法既改变了材料表面的化学成分，又改变了表面的结构和物理状态，可使廉价基材获得良好的表面性能。

　　激光表面合金化与其他传统表面合金化的方法相比，敷层组织小、结构致密、气孔率低；激光能量密度高，无需工件作为电极传导，粉末材料和基体材料的使用面更广；激光作用时间短，基体熔化量少，合金敷层稀释率低，减少粉末材料的消耗量；热影响区小，对基体组织的性能影响小，工件变形小；不需要特殊的工作条件，无环境污染。

该项技术广泛应用于在磨损、腐蚀、高温氧化等工况条件下服役的工件的表面强化以及磨损件的修复。美国有两家飞机制造企业采用了这种方法，对喷气机涡轮叶片外缘涂覆了钴基合金涂层。近年来日本的汽车制造业亦开始采用这种技术，对汽车排气阀实施激光涂覆钨铬钴合金层。与传统的乙炔涂覆法相比，激光表面合金化处理的成本低、涂层寿命长。

如果向熔融区提供活性气体，还可以在工件表面形成坚硬的陶瓷涂层。例如在 N_2 中用 CO_2 激光加热 TI – 6Al – 4V，则可以形成 TiN 层，相互作用的时间越长，TiN 密度越高，深度越深。涂层中形成了大量的硬质耐磨相 TiN，大大提高了表面硬度，TiN 相呈胞状及发达树枝状的特殊生长形态，被基体牢牢地镶嵌住，在摩擦磨损过程中不易脱落，故这种快速凝固原位耐磨复合材料具有优异的耐磨性能。人们利用 XEM 和 TEM 对改性层的微观组织转变进行了研究，发现激光气相氮化改性层内的显微组织由 Al、C、TiN 和 TiAlN 组成，沿层深呈不均匀分布。

D 激光表面熔覆

采用激光加热将预先涂覆在材料表面的涂层与基体表面一起熔化后迅速凝固，得到成分与涂层基本一致的熔覆层，这种方法称为激光表面熔覆。激光表面熔覆与激光表面合金化的不同在于：激光表面合金化是使添加的合金元素和基材表面全部混合，而激光表面熔覆是预覆层全部熔化而基层表面微熔，预覆层的成分基本不变，只是使基材结合处变得稀释。

激光表面熔覆的输入热量少，工件变形小，而且整体铸造粗糙度有很大的改善，减少了二次磨削工作量，纤维组织更致密，极少偏析，表面平整光滑。

激光熔覆从 20 世纪 70 年代提出到 20 世纪 80 年代获得广泛应用，期间展开了在低碳钢、不锈钢、铸铁、铝合金以及特殊合金上激光熔覆钴基合金、镍基合金、铁基合金、钛合金、碳化物、氧化物等的研究工作。迄今为止，研究工作主要集中在激光熔覆工艺参数、激光熔覆层的微观组织结构和相分析以及激光熔覆层的性能等方面。目前激光熔覆技术进一步应用面临的主要问题是：

（1）对激光熔覆过程裂纹的形成和行为缺乏深入的研究；

（2）尚缺乏特别针对激光熔覆过程特性的熔覆材料；

（3）激光熔覆过程的检测和实施缺乏自动化控制。

其中，裂纹问题尤为严重。对于碳化钨金属陶瓷激光熔覆涂层的抗开裂性能而言，碳化钨颗粒本身是一个薄弱环节；不同碳化钨含量下，熔覆层的宏观裂纹数目随着激光扫描速度的变化而不同。NiCrSiB 合金对裂纹非常敏感，裂纹的形成是由于熔覆层中存在大量的多硬质相以及硬质相的不良分布，其高脆性难以承受熔覆过程产生的较大拉应力。要解决激光熔覆层出现的裂纹问题，一方面要优化粉末成分，提高粉末的强韧性；另一方面就是要设法降低热应力应用，从工艺上降低熔覆过程的残余拉应力。在国外，激光熔覆 $MoSi_2$ 粉末，其硬度值达 1200 HV，但是易于产生裂纹，可加适量 $ZrSi_2$，该物质能与 $MoSi_2$ 很好地相容，同时又不改变 $MoSi_2$ 的特性。

E　激光冲击硬化

利用高能密度的脉冲激光照射金属工件，因被照射金属升华气化而急速膨胀，产生冲击波。在材料中因应力波的传播而产生加工硬化作用。激光冲击硬化技术能提高大部分金属材料（尤其是铝合金）的强度、硬度和延长疲劳寿命。国外正在进行用激光冲击波来改善飞机结构中紧固件周围的疲劳性能的应用研究，发现 6.5mm 板厚的裂纹扩展试件和紧固试件的高频疲劳寿命，在用激光处理后比处理前延长 100 倍。研究表明，激光表面质量可用表面粗糙度与微凹沟这两个指标来表示，通过对表面粗糙度与凹沟进行直观的观察与分析，就可以判别激光冲击硬化效果的好坏；同时可以通过优化激光参数、优化涂层与约束层、增加保护层及强化层来有效地控制激光冲击的强化效果。

F　气相沉淀

利用激光作为气相沉淀的热源，可在基体材料表面形成各种陶瓷层。利用 300W 的 CO_2 激光器，以 0.1 ~ 11m/min 的速度可在工件上形成 Si_3N_4、NB、SiAlON、Mullite 等陶瓷层。

目前，这一领域中最热门的是 XeCl 激光化学气相沉淀。它是用激光束取代传统的热能和等离子体，气相沉淀的线条宽度的分辨率可达 0.2lm，且为低温处理工艺，因此可用于制造高质量的精密设备。只是由于 XeCl 激光的寿命及可靠性问题，尚需要进一步寻求解决办法。在国外，正在研究利用激光脉冲在室温进行 B_4C 无定形薄层沉淀，薄层厚 500nm；而且还进行了沉淀 MoO_3 薄层的研究，研究的焦点是氧化物微粒压力和沉淀温度对化合物的结构、表面形态以及光学性能的影响，从而了解 MoO_3 薄层的生长机制。

1.3.3.3 激光表面改性技术存在问题和前景展望

A 存在问题

为了使激光表面处理技术获得更加广泛的应用，该技术还需要加强以下几个方面的研究：

（1）研制出新的激光器，将激光功率提高到 20kW 或 20kW 以上，同时发展辅助设备，如光束成形和制导系统，以满足处理面积更大、形状更复杂的工件的需要。

（2）加强激光表面处理技术改性机理的研究，解决好温度场测定不够精确的问题，并从理论上对某些激光表面处理技术产生残余拉应力和裂纹的机理进行深入研究并提出具体解决方案。

（3）加强对激光表面处理工艺参数、材料性能以及表面状况（如吸光率）等处理后表面层性能的影响的研究，探索最优工艺参数组合，发展成形工艺。

B 前景展望

激光表面处理是新型的局部表面处理方法，是未来工业应用潜力最大的表面改性技术之一，具有很大的技术经济效益，广泛应用于机械、电器、航空、兵器、汽车等制造行业，利用激光表面处理技术在一些表面性能差和价格便宜的基体金属上形成表面合金层，用以取代昂贵的整体合金，节约贵金属和战略材料，使廉价材料获得应用，从而大幅度降低成本。另外，还可以用来研制新材料和代用材料，制造出在性能上与传统冶金方法根本不同的表面合金，应用在太空、高温和化学腐蚀环境条件下工作的机械零件上，激光表面处理技术已呈现出广阔的应用和发展前景。

2 激光弯曲成形技术

2.1 激光弯曲成形的特点

激光弯曲成形是利用高能激光束扫描金属板材表面时形成的非均匀温度场所导致的热应力来实现塑性变形的工艺方法。其特点是：

（1）无模具成形。不涉及模具制造问题，生产周期短、柔性大，对不同形状工件的成形，仅仅通过更改程序即可实现。特别适合单件、小批量或大型工件的生产，可用于汽车、航空航天、拖拉机及其他各种仪器的样机制造。

（2）无外力成形。材料变形的根源在于其内部的热应力。

（3）非接触式成形。不存在贴模、回弹现象，成形精度高，可用于精密仪器的制造。

（4）热态累积成形。能够成形常温下难变形的材料或高硬化指数金属，而且能够产生自冷硬化效果，使变形区材料的组织与性能得以改善。可进行脆性材料，如铸铁件的弯曲变形。

（5）选择合理的工艺参数且合理规划扫描路径，可实现激光弯曲三维成形，得到多种类型的异型件。

（6）激光成形可实现对整个成形过程的闭环控制，易于实现高精度加工过程的自动化。它对激光束模式无特定要求，能够进行成形、切割、焊接、刻蚀等激光加工工序的同工位复合化。特别是与光敏树脂固化或叠层式激光快速原型相比，激光成形不仅能快速制作原型，而且可以直接成形工件。

基于上述特点，激光弯曲成形技术在航空航天、船舶、汽车和微电子等领域具有广阔的应用前景，对它的研究具有十分重要的意义。由于激光弯曲成形属于复杂的瞬态热力耦合问题，其变形场取决于由加工工艺参数、材料性能和板材尺寸决定的温度场。温度分布的变化，将导致金属板材产生不同的变形行为。因此，在激光弯曲成形研究中，成形机理是问题的关键。对该项技术的深入研究首先要了解这种成形工艺的机理。对于给定金属板材，只有揭示出不同工艺参数条件下激光弯曲成形的机理，才能利用热弹塑性力学知识对其进行定量分析研究，掌握不同成形机理条件下金属板材的变形规律，从而实现激光热成形的精确控制。目前，许多国内外学者对激光弯曲成形机理做了大量的研究工作，总结起来主要有四种机制可较好地解释板料激光成形过程，即温度梯度机理、屈曲机理、增厚机理和弹性膨胀机理，此外还有一种介于温度梯度机理和增厚机理之间的耦合机理也曾被提出。

2.2　激光弯曲成形的基本原理

2.2.1　温度梯度机理

如图 2－1 所示，当采用直径小、扫描速度快、能量密度高的激光束照射在板材的上表面时，上表面瞬间（通常小于 0.1s）被加热至高温状态，而下表面温度较低，此时在加热区的厚度方向上产生很大的温度梯度。板材上表面的膨胀量远远大于下表面，从而使板材产生背向激光束绕扫描线的弯曲，但是未被加热区抑制了上表面材料的膨胀，而此时加热区域金属材料的屈服极限大大降低，在热应力的作用下，上表面处的材料产生较大的塑性变形，导致板材的

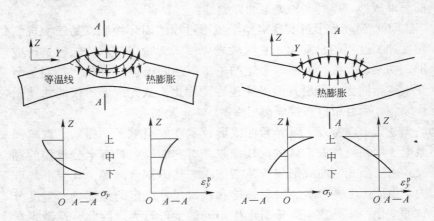

图 2－1　温度梯度机理

上表面出现材料的少量堆积。在冷却阶段，温度梯度逐渐变小，上表面处的材料温度降低，体积开始收缩，屈服极限升高，加热受压时产生的材料堆积不能复原。同时，下表面则因热传导而开始膨胀，材料屈服应力降低而易于变形，使板材产生面向激光源绕扫描线的正向弯曲。

2.2.2 屈曲机理

如图2-2所示，当激光束的直径较大、功率较高，板材较薄、热传导率较高时，板材正面首先被加热，受热材料先于背面发生膨胀，使板材产生较小的反向弯曲变形。而在加热区域内，厚度方向的温度梯度很小。周围冷态材料的约束使加热区产生很大的压应力，同时，由于温度升高，材料屈服应力大大降低，结果导致加热区材料发生屈曲，屈曲区中心的材料发生塑性变形，而此时屈曲区两侧以及扫描路径上的其他区域依然是弹性变形，从而使反向弯曲变形进一步增大，其塑性变形大于正面的塑性变形。冷却时，虽然正反面都产生横向收缩，但板材总的横向收缩量仍大于正面，最终得到绕扫描线的反向弯曲变形。

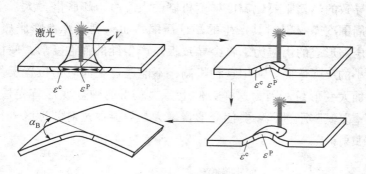

图2-2　屈曲机理

2.2.3 增厚机理

当光束直径较大，而金属板的厚度较薄，激光束直径远远大于板厚时，在板的厚度方向的温升几乎是同步的，厚度方向温度差可以忽略。由于扫描区域材料的热膨胀受到周围冷态材料的约束，加热区域材料产生堆积而导致板材变厚，冷却过程中，这部分材料不能完全复原，而产生板厚方向的正应变，板材在垂直于扫描线的方向发生收缩变短，即材料的增厚效应，如图2-3所示。

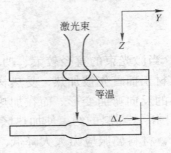

图2-3　增厚机理

2.2.4　弹性膨胀机理

如图2-4所示，当激光束只照射一个点或局部块时，在板料加热区导致的热膨胀要比温度梯度机制的大。由于膨胀潜力大，就会消除周围冷态材料对其产生的塑性压缩，而只剩下弹性膨胀压缩。这种压缩形成的内应力，将会导致板料产生纯的弹性变形，使板料出现小的反弹弯曲。采用这种机制，不能通过在同一个位置反复加热来加大变形量，因为这样会使上一次获得的弹性变形首先松弛，然后重复其膨胀过程。要使变形量增大，只能通过对邻近区进行点或块照射。

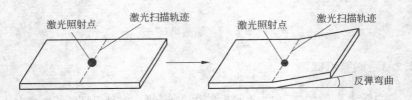

图2-4　弹性膨胀机理

2.2.5 耦合机理

耦合机理包含温度梯度机理和增厚机理的特征，其加工工艺参数介于温度梯度机理和增厚机理之间。从前面的分析可知，在温度梯度机理条件下，塑性压缩变形仅发生在上表面附近，在金属板中性层没有塑性变形产生，因而，金属板只产生绕扫描线的弯曲变形；在增厚机理条件下，金属板上下表面塑性压缩变形量几乎相等，因而，金属板只产生平面收缩变形。在耦合机理条件下，金属板材中性层处产生塑性变形，且上表面塑性变形量大于中面塑性变形量，板材不仅产生弯曲变形也产生平面收缩变形。于是，可以把耦合机理条件下板材的变形分为两部分，其中，a 部分对应于增厚机理，b 部分对应于温度梯度机理，如图 2-5 所示。

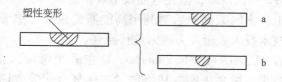

图 2-5 耦合机理

通过激光弯曲成形机理可以看出，当激光束扫描金属板料时，不仅可使板料产生朝向光束的弯曲，而且可形成背向光束的弯曲。板料在经历加热与冷却阶段后，产生四种变形：（1）加热区上下表面横向收缩量不同引起的绕扫描线的弯曲变形；（2）加热区厚度增加；（3）板料宽度方向的弯曲变形；（4）翘曲变形。在激光弯曲变形中，希望后三种变形越小越好，尽量使加热面获得大的横向收缩变形，以增大厚度方向的弯曲变形。

2.3 激光弯曲成形技术研究现状

2.3.1 国外研究现状

激光成形技术的产生，源于上百年前的火工矫形。激光弯曲技术的首次应用应追溯到 1979 年对继电器导线的自动校直。1981 年，

Kitamura 用 15kW CO_2 激光器对厚度为 22mm 的钢板进行反复弯曲。1985 年日本学者 Y. Namba 以 S45C 碳钢激光硬化处理为例，研究了材料的温度分布和热变形，最先提出了一种在不加外力的条件下仅利用热应力使板料产生塑性变形的新型加工方法——激光成形法，并用简单的弯曲实验证实了板料激光成形的可能性。1986 年，Y. Namba 首次公布了用激光弯曲成形技术构建宇宙空间站的设想，这篇论文成为激光弯曲成形技术研究的经典之作。1987 年，美国的一个研究小组将激光弯曲成形技术用于造船业，成功地成形出厚度为 24.5mm 的船壳。麻省理工学院也有关于开展这项研究的报道。波兰科学院基础技术研究所的 H. Franckiewicz 教授，自 1988 年起，耗资两百万美元左右，设计了专用的激光弯曲成形设备，先后制造出了筒形件、球形件、带凸缘的管件及波纹管等。

20 世纪 90 年代以来，激光弯曲成形技术越来越引起各国学者的注意，世界上许多国家都先后对利用高能激光束作为热源的板材激光弯曲成形技术投入大量人力物力进行研究。

德国学者 M. Geiger 和 F. Vollertsen 等在激光弯曲成形的机理、工艺、数值模拟、激光成形与其他加工工序复合化等方面做了一系列工作，并已利用该技术进行汽车覆盖件的柔性校平和其他成形件的成形，且对弯曲成形过程进行计算机闭环控制，提高了成形精度。他们提出了一个描述激光弯曲成形过程的"双层模型"，将变形区的材料以中性层为界分为收缩区和扩展区，考虑到板材厚向的温度梯度和材料线膨胀系数导致的力偶之间的平衡以及材料的几何守恒，研究激光弯曲成形的机理，将成形机理归纳为温度梯度机理、镦粗机理和屈曲机理。建立了分析模型来描述激光弯曲成形过程，模型假定物性参数为常数，热源为定值。用 FDM 和 FEM 对激光弯曲成形过程中的温度场进行了模拟计算，模型中的物性参数随温度变化，热源匀速移动。

S. Amada 等认为激光弯曲成形的最终形状主要取决于板材尺寸以及加热冷却过程。对薄板弯曲成 V 形和 U 形进行了实验研究，基于弹塑性理论有限元分析建立模型，预测的弯曲角与实验结果符合较好。

J. Magee 等研究了航空合金的激光弯曲成形，分析了一种钛合金和高强度铝合金板材激光弯曲成形过程的影响因素。发现激光功率对塑性应变、弯曲角影响很大。沿相同轨迹增加扫描次数时，弯曲角有明显的偏离，且边界效应显著。这些影响可以通过改变施加在板材表面上的激光功率来加以控制。

C. L. Yau 等用小功率 Nd：YAG 激光器对集成电路的合金薄片进行了实验研究，结果表明弯曲角受激光功率、扫描速度及扫描次数影响较大，在线能量小于 1J/mm 的条件下，弯曲角和线能量呈线性关系。

An. K. Kyrsanidi 等应用有限元软件 ANSYS，建立了三维非线性瞬态热力耦合模型，可以模拟复杂形状的成形（如正弦形状），考虑到不同激光器所产生的激光束间的差异，采用待定系数的热源模型，用小步距间歇跳跃式移动热源来模拟激光束的连续扫描，计算随时间变化的温度场、应力应变场以及预测板材的最终弯曲角，对船用薄钢板激光弯曲成形过程进行了模拟计算和实验验证。

P. J. Cheng 等建立了板材激光弯曲成形的三维温度场分析模型。模型假设激光束以恒速在板材表面移动，能量分布近似为高斯分布。采用此模型研究了激光成形参数对成形过程中温度分布的影响，结果表明，分析模型比 FEM 和 FDM 节省计算时间。

Bao Jiangcheng 等对激光弯曲成形边界效应的影响进行了研究。在激光弯曲过程中，边界效应影响成形精度。为分析边界效应影响的机理，进行了数值模拟和实验研究。在模拟计算中考虑了温度对材料性能的影响和应变率对屈服应力的影响，给出了影响边界效应的较为全面的解释。

Thomas Herrige 等在研究扫描方案的同时，对圆心角为 20° 的环形试件（扫描线绕圆周方向）建立了有限元模型，计算结果分析表明温度场以及冷却后平行于扫描线的应力状态与温度梯度机理下直线扫描结果极其相似。扫描区域垂直于扫描线的塑性应变分布不对称，是由于板料各部分所处的加热条件不同，激光束对未扫描区域有预热作用。

Z. Hu 等对激光直线扫描薄板进行了三维有限元分析，模拟得到了不锈钢 AISI304 和铝在多道扫描时的温度场变化。不锈钢的导热性较差，因此加热时温度迅速上升到最高，冷却过程相对平缓。铝是热的良导体，热循环过程与不锈钢不同，在板厚方向上铝的温度梯度比不锈钢的要小一些。弯曲角随激光扫描次数增加而线性增加，随板材厚度的增加而减少，并受激光功率和扫描速度的影响。

近年兴起的人工神经网络系统，为激光弯曲成形技术研究进一步节省人力物力提供了一种新工具。P. J. Cheng 等利用神经网络系统来预测板材激光成形的弯曲角，并进行了实验验证。研究结果表明，神经网络模型在预测弯曲角上具有很高的精度。

2.3.2　国内研究现状

国内从 20 世纪 90 年代起对板材激光弯曲成形技术开始了初步研究。西北工业大学的季忠、吴诗悼等人采用准静态非耦合模型，对激光束扫描板材表面时形成的三维瞬态温度场进行了有限元模拟，并将温度载荷转化为节点力，进一步完成了三维热弹塑性变形场的模拟。模型考虑了对流、辐射以及材料的热物性与温度的相关性，材料为各向同性，激光束为能量均布的方形光斑，用小步距间歇跳跃式移动光源来代替激光束的连续扫描。对常温下的钛合金板材进行了激光弯曲成形研究，分析了激光束能量效应、板材的几何效应以及材料的性能效应对板材激光弯曲成形的影响，并获得了理想的工艺参数范围，为钛合金板材弯曲成形提供了一种新途径。

李纬民等用大变形弹塑性有限元法，模拟并分析了板材激光弯曲过程中的变形规律。计算模型采用四节点四边形板壳单元，在板厚方向取七个积分点，由于变形在长度方向的对称性，取长度方向的二分之一进行分析。讨论了几何参数和工艺参数对最终弯曲变形的影响。

山东大学的管延锦等针对不进行预弯曲板料经激光束扫描后仍可产生背向激光束的弯曲变形这一现象，用有限元方法分析了其成形过程的温度场、应变场的变化，提出其成形机理属于屈曲机理。建立了三维热力耦合有限元模型，考虑了对流和辐射换热，光束能量密度服从高斯分布，研究了材料性能参数如弹性模量、屈服强度等对板料激光弯曲成形的影响。分析了圆柱形件的成形过程，提出了三维激光成形中合理规划扫描路径和扫描顺序时的基本原则。

北京航空航天大学的王秀凤等，对薄板的弯曲机理进行了数值模拟和试验研究。结果表明，温度梯度是材料产生应力、应变的根源，材料的最终变形是热应变与相变共同作用的结果。薄板激光弯曲成形机理是温度梯度机理，薄板在激光照射下所引起的最终变形的方向取决于材料的性质，可能是朝向激光束或背向激光束。

刘顺洪等采用大功率 CO_2 轴快流激光器进行了低碳钢板三维激光成形规律的研究，讨论了不同板材界面原始几何形状的激光弯曲与时间、温度之间的关系，研究了不同激光扫描路径和顺序对球冠成形的影响，结果表明原始工件的形状和扫描引起截面惯性矩的变化对三维激光弯曲成形有很大影响。

张立文等利用非线性有限元分析软件 MSC. Marc 建立了三维热力耦合有限元模型，实现了对船用中厚钢板激光弯曲过程中温度场和变形场的数值模拟，预测了激光弯曲成形的最终弯曲角。采用 CO_2 激光器对一端夹持的船舶钢板进行了激光弯曲成形的实验研究，通过建立一个温度位移数据采集系统来获得激光弯曲过程的温度和弯曲变形量，实验结果与模拟结果吻合得较好。

季忠、王忠雷等采用动态显式有限元法结合遗传算法进行板料激光弯曲成形工艺参数的优化设计，通过算例证明了系统的有效性，对其他基于数值模拟的工艺参数优化具有参考意义。

石永军、姚振强对激光热变形机理及复杂曲面板材热成形工艺规划进行研究。通过对不同工艺参数条件下板材变形行为的研究，深入分析了激光热变形过程中板材的成形机理、温度场和变形场规律、成形精度控制方法、路径规划与工艺参数的确定方法，为实现金属板材的快速精确成形提供理论基础。

激光弯曲成形是一个非常复杂的瞬态热弹塑性变形过程，涉及传热学、弹塑性力学、材料科学和计算机技术等多学科。与传统有模成形相比，激光成形同时存在加热与冷却过程，即金属板材加载和卸载过程并存，同时，加热区域的温度瞬态变化很大，使得局部的温度、应力和应变在时间空间上剧烈变化，且伴随着温度变化，材料的力学性能与微观组织也产生较大变化。尽管许多学者对激光热成形技术进行了大量的理论、实验和数值仿真研究，并取得了很大的进展，但由于热应力成形过程非常复杂，对许多影响成形的因素只能作一些定性分析，对不同加工条件下的温度分布和变形场变形规律的系统研究尚显不足，仍需要对成形机理进行深入的研究。

3 功能梯度材料的激光快速成形

3.1 功能梯度材料综述

功能梯度材料（Functionally Gradient Materials，简称 FGM）的概念是由日本材料学家新野正之（Masyuhi NINO）、平井敏雄（Toshio HIRA）和渡边龙三（Ryuzo WATANBE）等人于 1984 年首先提出的。功能梯度材料的研究开发最早始于 1987 年日本科学技术厅的一项"关于开发缓和热应力的功能梯度材料的基础技术研究"计划，并一直受到日本政府的高度重视，被列为日本科学技术厅资助的重点研究开发项目。所谓功能梯度材料是根据使用要求，选择使用两种不同性能的材料，采用先进的材料复合技术，使中间的组成和结构连续呈梯度变化，内部不存在明显的界面，从而使材料的性质和功能沿厚度方向也呈梯度变化的一种新型复合材料。

图 3 – 1 是功能梯度材料模型。在图 3 – 1a 中，左端为耐热材料、右端为金属材料，由左端材料向右端材料的过渡采用的是材料的梯度过渡方式。图 3 – 1b 表示了两种材料的混合比例随着 r_0 的变化情况，左端为 100% 的耐热材料和 0% 的金属材料，随着 r_0 的增加，耐热材料的比例逐渐减少，而金属材料的比例逐渐增加，直至右端为 100% 的金属材料和 0% 的耐热材料。图 3 – 1c 表示了两种不同材料比例的变化引起的性能的变化情况，左端表现出超耐热性能，右端表现出较好的力学性能，而中间过渡区域表现出较好的热应力松弛作用。

功能梯度材料最初应用于高温环境，用于缓和热应力，特别适用于材料两侧温差较大的环境，其耐热性、再用性和可靠性是以往使用的陶瓷基复合材料无法比拟的。功能梯度材料通过金属、陶瓷、塑料等无机物和有机物的巧妙组合，在航空航天、能源工程、生物医学、电磁、核工程和光学等领域都有广泛的应用前景。

功能梯度材料的最直接应用就是航空航天飞行器材料。航空航

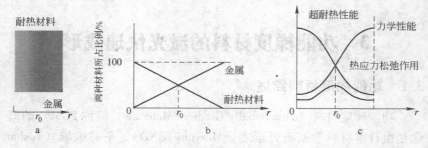

图 3 - 1 功能梯度材料模型

天工业的战略产业地位在许多国家日益突出，它是尖端技术的集成，它的发展有力地促进了冶金、化工、材料、电子和机械加工等领域的技术进步，从而在技术层面上提升国民经济。因此航空航天工业是尖端技术发展的引擎，有较强经济实力的国家都十分重视本国航空航天工业的发展。研究和应用功能梯度材料，可以制造出用于航天探测器、飞机、再用型火箭、涡轮发动机、高效汽轮机等方面的高温环境结构件、抗氧化抗腐蚀结构件、精密耐磨损（减磨件）零件以及特殊环境中构件等结构零件。

　　另一个功能梯度材料的应用前景很明朗的领域是能源学科。在全球自然资源日趋减少的大背景下，能源的开发、利用直接影响着一个国家的经济发展速度和国际地位。随着能源需求越来越大而自然资源却日益稀少，解决能源问题不应再依赖自然资源，而应转为向科学技术寻求帮助，新材料及新材料技术在其中扮演了不可或缺的重要角色。研究和应用功能梯度材料，可以制造固体燃料电池、太阳能电池、热电转换装置等。目前对热电转换材料的研究最多，即研究制备能够实现热能与电能之间直接转换的功能梯度材料。

　　迄今为止，对功能梯度材料的研究时间并不长，但其发展却十分迅速，特别是日、德、美等先进工业国，不论是在功能梯度材料的组织结构、性能方面，还是它们的制备工艺、设备以及材料应用方面都取得了令人瞩目的成果。然而，对功能梯度材料的研究目前仍基本处在基础性研究阶段，研究工作仍将围绕材料设计、制备和特性评价等为中心展开。功能梯度材料的制备方法较多，目前主要使用的有粉末冶金法、等离子喷涂法、自蔓延燃烧高温合成法、气相沉积法、电沉积法和离心铸造法等。几种典型功能梯度材料的制备方法的特点如表3-1所示。

由表3-1可见，目前现有的主要功能梯度材料的制备方法普遍存在着如下不足之处：设备及工艺相对复杂；制备速度相对较慢；功能梯度材料组分的设计与调整多为手工操作；无法制备形状复杂的功能梯度材料零件；制备的功能梯度材料致密度低、孔隙率大、机械强度低等。针对以上不足，人们拟研究和发展金属功能梯度材料的激光快速成形技术。该项技术基于快速成形增材制造思想，采用同轴实时变比例送粉方法，以高功率激光束熔化金属粉末，通过逐层叠加制造金属功能梯度材料零件。金属功能梯度材料的激光快速成形技术所需设备相对简单；制备工艺过程的自动化程度较高；功能梯度材料组分的设计与调整均由功能强大的处理软件自动完成。通过该技术可以方便、快捷、经济地制造出大尺寸、形状复杂、全密度冶金结合的金属功能梯度材料零件。

表3-1　功能梯度材料制备方法特点比较

FGM 制备方法	优　点	缺　点
粉末冶金法	可靠性高，制造形状比较简单的 FGM	工艺比较复杂，制备的 FGM 有孔隙
等离子喷涂法	组分可调整，沉积率高，无需烧结，不受基体面积限制，容易得到大面积块材	梯度涂层与基体间的结合强度不高，涂层组织不均匀，孔洞疏松，表面粗糙
自蔓延燃烧高温合成法	产品纯度高，效率高，能耗少，工艺相对简单，能够制备大体积的 FGM	仅适合于存在高放热反应的材料体系，致密度低，孔隙率大，机械强度低
气相沉积法	无需烧结，沉积层致密牢固，组成可连续变化	设备较复杂，沉积速度慢，不易制备大尺寸的 FGM
电沉积法	FGM 性能好，设备简单，制备成本低	沉积速度慢，不易制备复杂的 FGM
离心铸造法	可制备高致密度、大尺寸的 FGM	限于管状或环形零件

3.2　功能梯度材料激光快速成形技术国内外研究现状

3.2.1　国外研究现状

金属功能梯度材料的激光快速成形技术正成为功能梯度材料制备、成形、加工领域新的重要方法之一，在国内外均得到广泛的关注和研究。

美国密西根大学的 J. Mazurnde 等人进行了直接激光熔覆制造新型梯度材料构件技术的研究工作。该技术把均质设计法（HDM）、非均质体制模法（HSM）和直接金属沉积法（DMD）三项核心技术用计算机集成、构筑了能设计新型材料成分，制取具有期望的机械和物理性能的梯度材料制件的系统。它能根据所要求的性能进行成分设计、显微组织设计、CAD 模型优化，并通过 DMD 直接激光熔覆制造新颖的梯度材料零件。该项技术能设计和控制材料的成分梯度和分布。通过控制激光的能量、扫描速度和每层熔覆厚度改变冷却速度来调控显微组织。

美国 Sandia 国家实验室在 Laser Engineered Net Shaping（LENS）系统上进行了功能梯度材料制备的试验工作。该实验室研究了螺旋式粉末定量送给技术、粉末变比例均匀混合技术、粉末流动滞后补偿技术等，并且成功地制备了由 H13 和 M300 构成的合金钢功能梯度材料。

美国 Lehigh 大学的 Weiping Liu 等利用 LENS 技术制备了 Ti/TiC 功能梯度材料，其组分变化由一边的纯 Ti 变化到另一边的 95% 的 TiC，这种方法所制备的功能梯度材料各组分之间无明显界面，两种材料是均匀过渡的。

美国佛罗里达中央大学研究了镍基超合金和不锈钢梯度材料，逐层垂直向上激光熔覆 70 层粉末，前 25 层为 100% SS304 不锈钢粉，此后 20 层逐层增加超级镍基合金粉末的加入量，直到最终 25 层为 100% 的超级镍基合金。送粉速度始终恒定在 9g/min，扫描速度定在 7.6mm/s，功率 270W，氩气流速 15L/min。制成 20mm × 2mm × 46mm 的平板功能梯度材料。

韩国的 Ki – Hoon Shin 和美国密西根大学的 Harshad Natu 等利用 DMD 技术制备了 Ni 和 Cu 的梯度零件。这种圆环状梯度零件的成分从圆环内部的纯 Cu 逐渐变化到外部的纯 Ni，并且 Ki – Hoon Shin 系统地介绍了利用激光快速成形技术制备功能梯度材料从设计到制备的完整体系。

荷兰 Groningen 大学的 Y. T. Pei 等采用激光成形技术制备了 SiC/Ti6Al4V 功能梯度材料层，基材用的是 Ti6Al4V，粉末颗粒为 SiC 颗粒。试验结果表明在功能梯度材料上部 SiC 的颗粒较多，而在下部 SiC 的颗粒较少。用同种方法，Y. T. Pei 等还制备了 Al – 40% Si/Al 梯度层。

此外，日本、德国、以色列等国的学者也开展了基于激光快速成形工艺制备功能梯度材料的研究工作，并且取得了丰硕的成果。

3.2.2　国内研究现状

在国内，对功能梯度材料制备工艺的研究工作起步较晚，但是所取得的研究成果也非常的显著。

北京科技大学特种陶瓷和粉末冶金实验室的葛昌纯等人成功开发了新的金属基功能梯度材料，用于国内新一代核聚变托克马克实验室装置的耐等离子体冲刷功能梯度材料零件。研究者采用等离子喷涂法、熔渗 – 焊接法及 USPC 结合梯度烧结等方法制备了 W/Cu 与 Mo/Cu 功能梯度材料。

哈尔滨工业大学的储成林等人用粉末冶金法制备出 HATi/Ti/HATi 轴对称生物功能材料，并测定了 HATi 复合体材料的力学性能和线膨胀系数。应用经典叠层板理论和热弹性力学理论分析了 HA40Ti/Ti/HA40Ti 直接叠层体和轴对称功能梯度材料的残余热应力。结果表明其微观组织呈对称型梯度化分布。

清华大学的林伟等人利用微波烧结的方法制备了轴对称 WC/Co 重金属梯度功能材料。通过 SEM 观察了材料的微结构，结果表明，较小的 WC 颗粒和微波过程的快速烧结提高了 WC/Co 重金属功能梯度材料的冶金及力学性能。

北京理工大学的李云凯等人利用有限元分析方法，对 PSZ/Mo

功能梯度材料进行了优化设计，确定了最佳形状因子、层数和每一层的厚度。在此基础上，用热压烧结方法制备了六层结构的 PSZ/Mo 功能梯度材料。

华中理工大学的徐智谋等人提出采用低温化学镀工艺方法制备陶瓷/金属功能梯度材料的设想，利用自制的化学镀装置对制备 SiC/Ni-PFGM 进行了实验研究，并采用光学显微镜、电子探针分析仪及热震试验等方法和手段对功能梯度材料的组织、形貌、成分与镀层结合力进行了研究。

上海交通大学赵涛等人利用 5kW CO_2 激光器对铸造铝硅合金表面进行两次激光辐照，先后将不同成分的预置合金粉末与基体材料一起熔化后迅速凝固，获得了 Cr/WC 激光表面梯度层。实验表明，梯度层自表及里显微硬度基本呈连续变化趋势，明显改善了铝硅合金基体的抗微动磨损能力。

大连理工大学杨睿等人从快速成形制造功能梯度材料数据处理角度研究了 CAD 数据后处理中的自适应切片算法，综合考虑其材料分布特征和几何特征，以材料变化梯度和表面法线方向为计算分层厚度的依据，进行了理想材料零件的自适应切片算法研究。通过实例验证了算法的有效性和稳定性。

北京航空航天大学李永等人对非均质耐热功能梯度材料层间的结构与性能进行了研究。通过对陶瓷/金属功能梯度材料的宏、微观结构分析，建立了其层间的三维力学模型，并导出了应力分析方程。

中国科学院沈阳自动化研究所吴晓军等人以快速成形技术为背景，提出了一种基于体素模型的功能梯度材料/零件建模方法。根据八叉树结构，将复杂的 CAD 模型离散为精确的 26 邻接体素模型，选取点、线或面作为参考特征，以数字距离变换为手段，计算体素中心到特征点、线或面的最短欧氏距离，选取适当的以此距离为变量的材料组分分布函数，建立起复杂零件的功能梯度材料模型，模型实验证实了该方法的有效性。

对国内功能梯度材料制备技术研究现状的综合分析可知，目前多种功能梯度材料制备工艺均已经展开并取得一定的成果。

第二部分 金属激光弯曲成形机理

4 金属激光弯曲成形实验

4.1 实验条件与参数选择

4.1.1 实验条件

试验设备为中国科学院沈阳自动化研究所快速成形试验室自行研制开发的金属激光成形系统,如图 4 − 1 所示。本文选用 Q235 钢作为研究对象,研究其激光弯曲成形的规律。试验工件尺寸分为六大类,实验采用的是 CO_2 激光器,最大功率 3kW。

图 4 − 1 激光弯曲成形系统

板材激光弯曲成形形变研究关注的是板材绕 Y 轴方向的弯曲角,即图 4 − 2 中所示的角 θ,为获得 θ 值,需测量板材表面一点在 Z 方向的位移即板材翘起高度 H 及该点与扫描路径的垂直距离 L,对 H/L

求反正弦即可获得 θ 值。因此，实验中需要测量的是板材表面点在 Z 方向的位移。

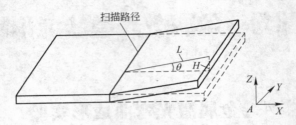

图 4-2　板材弯曲角测量示意图

4.1.2　实验参数的选择

影响板材弯曲的因素有工艺因素、几何尺寸、材料因素及不稳定因素等多种，影响机理非常复杂。为了准确了解各因素及组合因素对弯曲角的影响，试验采用了单因素法和双因素法相结合的试验，为了找到最大弯曲角的参数组合又采用了正交试验直观分析法进行了试验研究。

4.1.2.1　单因素法试验参数的选择

在影响板料激光弯曲的工艺因素中，光斑直径、激光功率、扫描速度及扫描次数等因素对板料弯曲角度的影响均较大，所以把它们作为研究对象。在几何因素中，板料的长度、宽度、厚度、扫描线与自由端的距离及表面平整程度均对弯曲角有影响，所以，选择板长、板厚、板宽及扫描线与自由端的距离作为研究对象。

4.1.2.2　双因素法试验参数的选择

由于影响板料弯曲角度的参数在激光扫描过程中同时作用在板料上，单因素法试验并不能完全准确地解释某些弯曲现象，所以，有必要组合各种相关因素加以试验研究。选取线能量密度 P/V 作为试验研究对象，研究弯曲角度与 P/V 之间的关系。

4.1.2.3　正交试验参数的选择

正交试验法是利用数理统计学与正交性原理，从大量的试验点中挑选适量的具有代表性、典型性的点，应用"正交表"合理安排试验的一种科学的试验设计方法。本试验采用正交试验的直观分析法，计算出各个因子、水平对试验结果质量指标影响的大小，并用图形表示出来，通过直观分析，综合比较，确定最优试验方案。选用板料厚度、板料宽度、激光功率、扫描速度、光斑直径五个参数作为正交试验的因子，试验水平数选取四水平，质量指标为弯曲角。这里考虑到扫描次数对各因素的影响的不均衡性，另外，为了与单因素试验法比较没有把扫描次数作为因子，考虑到概率分布问题，正交试验次数采用 4 次。

4.1.2.4 试件的几何参数及工艺参数列表

实验用试件的几何参数及工艺参数见表 4-1～表 4-6。几何参数为：板长均为 100mm，板宽分别为 30mm、50mm，板厚分别为 2mm、3mm、5.6mm；激光工艺参数为：扫描速度分别为 2mm/s、3mm/s、4mm/s、5mm/s，激光功率分别为 150W、250W、350W、450W、550W、650W、750W，光斑直径分别为 2.0mm、2.5mm、3.0mm。选取板材中线作为扫描位置，夹持方式为一端固支，另一端自由。

实验在 324 种不同工况下进行，对全部试件的弯曲角进行了测量。

表 4-1 第 1 类试件的几何参数及工艺参数

试件号	长度 /mm	宽度 /mm	厚度 /mm	扫描位置 /mm	扫描速度 /mm·s⁻¹	激光功率 /W	光斑直径 /mm
1-1	100.10	50.04	2.0	49.82	2	250	2.0
1-2	99.62	50.01	2.0	55.30	5	150	2.0
1-3	100.10	50.04	2.0	59.12	4	150	2.0
1-4	100.20	50.10	2.0	58.9	3	150	2.0
1-5	100.30	50.10	2.0	58.3	2	150	2.0
1-6	100.10	50.06	2.0	44.52	3	350	2.0
1-7	100.10	50.04	2.0	42.42	2	350	2.0
1-8	100.10	50.10	2.0	43.70	5	250	2.0
1-9	100.00	50.00	2.0	43.80	4	250	2.0
1-10	100.10	50.10	2.0	49.12	3	250	2.0

试件号	长度 /mm	宽度 /mm	厚度 /mm	扫描位置 /mm	扫描速度 /mm·s^{-1}	激光功率 /W	光斑直径 /mm
1-11	100.16	50.08	2.0	50.60	4	350	2.0
1-12	100.28	50.00	2.0	51.14	5	350	2.0
1-13	100.20	50.00	2.0	53.66	2	450	2.0
1-14	100.38	50.00	2.0	52.30	3	450	2.0
1-15	100.20	50.00	2.0	52.10	4	450	2.0
1-16	100.46	50.00	2.0	51.40	5	450	2.0
1-17	100.20	50.00	2.0	52.56	2	150	2.5
1-18	100.30	49.94	2.0	52.46	3	150	2.5
1-19	100.30	50.04	2.0	44.70	4	150	2.5
1-20	98.60	50.02	2.0	44.20	5	150	2.5
1-21	99.80	50.00	2.0	49.38	2	250	2.5
1-22	99.80	50.00	2.0	51.16	3	250	2.5
1-23	99.84	50.10	2.0	50.18	4	250	2.5
1-24	99.82	50.00	2.0	52.16	5	250	2.5
1-25	99.80	50.02	2.0	48.24	5	350	2.5
1-26	100.12	49.98	2.0	44.50	4	350	2.5
1-27	99.84	49.82	2.0	49.32	3	350	2.5
1-28	100.04	50.00	2.0	47.56	2	350	2.5
1-29	99.80	50.00	2.0	47.86	2	450	2.5
1-30	99.78	50.06	2.0	47.92	3	450	2.5
1-31	100.08	50.08	2.0	52.30	4	450	2.5
1-32	99.82	50.00	2.0	57.00	5	450	2.5
1-33	99.58	50.00	2.0	58.44	2	450	3.0
1-34	100.08	50.10	2.0	55.46	3	450	3.0
1-35	99.86	49.86	2.0	50.98	4	450	3.0
1-36	100.10	50.00	2.0	54.42	5	450	3.0
1-37	100.00	50.08	2.0	41.20	2	350	3.0
1-38	100.08	50.04	2.0	40.00	3	350	3.0

试件号	长度 /mm	宽度 /mm	厚度 /mm	扫描位置 /mm	扫描速度 /mm·s⁻¹	激光功率 /W	光斑直径 /mm
1 - 39	100. 00	50. 06	2. 0	42. 70	4	350	3. 0
1 - 40	100. 14	50. 12	2. 0	47. 06	5	350	3. 0
1 - 41	99. 60	50. 00	2. 0	52. 96	2	250	3. 0
1 - 42	100. 08	50. 00	2. 0	51. 50	3	250	3. 0
1 - 43	99. 80	50. 00	2. 0	52. 30	4	250	3. 0
1 - 44	100. 06	49. 98	2. 0	52. 70	5	250	3. 0
1 - 45	99. 20	50. 00	2. 0	51. 78	2	150	3. 0
1 - 46	99. 62	50. 00	2. 0	50. 28	3	150	3. 0
1 - 47	100. 56	50. 06	2. 0	49. 02	4	150	3. 0
1 - 48	99. 80	50. 06	2. 0	49. 76	5	150	3. 0

表 4 - 2　第 2 类试件的几何参数及工艺参数

试件号	长度 /mm	宽度 /mm	厚度 /mm	扫描位置 /mm	扫描速度 /mm·s⁻¹	激光功率 /W	光斑直径 /mm
2 - 1	100. 12	50. 00	3. 0	45. 58	2	150	3. 0
2 - 2	100. 02	50. 00	3. 0	47. 52	3	150	3. 0
2 - 3	100. 06	50. 02	3. 0	49. 42	4	150	3. 0
2 - 4	100. 06	50. 02	3. 0	46. 70	5	150	3. 0
2 - 5	100. 08	50. 00	3. 0	49. 90	2	250	3. 0
2 - 6	100. 10	49. 92	3. 0	43. 48	3	250	3. 0
2 - 7	100. 12	50. 00	3. 0	44. 68	4	250	3. 0
2 - 8	100. 04	49. 94	3. 0	41. 52	5	250	3. 0
2 - 9	100. 06	49. 96	3. 0	43. 70	2	350	3. 0
2 - 10	100. 18	49. 96	3. 0	42. 52	3	350	3. 0
2 - 11	100. 10	50. 04	3. 0	44. 76	4	350	3. 0
2 - 12	100. 20	50. 00	3. 0	42. 76	5	350	3. 0
2 - 13	100. 02	50. 06	3. 0	40. 86	2	450	3. 0
2 - 14	100. 08	50. 04	3. 0	40. 52	3	450	3. 0
2 - 15	100. 18	50. 00	3. 0	40. 72	4	450	3. 0

试件号	长度 /mm	宽度 /mm	厚度 /mm	扫描位置 /mm	扫描速度 /mm·s⁻¹	激光功率 /W	光斑直径 /mm
2 - 16	100. 04	50. 08	3. 0	51. 08	5	450	3. 0
2 - 17	100. 24	50. 02	3. 0	57. 60	2	450	2. 5
2 - 18	100. 06	50. 02	3. 0	54. 36	3	450	2. 5
2 - 19	100. 08	50. 00	3. 0	55. 52	4	450	2. 5
2 - 20	100. 08	49. 94	3. 0	55. 14	5	450	2. 5
2 - 21	100. 14	50. 02	3. 0	52. 52	2	350	2. 5
2 - 22	100. 14	49. 98	3. 0	46. 84	3	350	2. 5
2 - 23	100. 18	49. 96	3. 0	42. 98	4	350	2. 5
2 - 24	100. 20	50. 02	3. 0	41. 14	5	350	2. 5
2 - 25	100. 18	50. 00	3. 0	42. 68	2	250	2. 5
2 - 26	100. 22	50. 08	3. 0	49. 86	3	250	2. 5
2 - 27	100. 12	50. 08	3. 0	51. 98	4	250	2. 5
2 - 28	100. 18	50. 00	3. 0	42. 58	5	250	2. 5
2 - 29	100. 40	50. 00	3. 0	58. 32	2	150	2. 5
2 - 30	100. 30	49. 98	3. 0	62. 96	3	150	2. 5
2 - 31	100. 28	50. 06	3. 0	62. 54	4	150	2. 5
2 - 32	100. 10	50. 00	3. 0	47. 38	5	150	2. 5
2 - 33	100. 20	50. 02	3. 0	50. 64	2	150	2. 0
2 - 34	100. 16	49. 76	3. 0	56. 06	3	150	2. 0
2 - 35	100. 18	50. 10	3. 0	53. 56	4	150	2. 0
2 - 36	100. 22	49. 98	3. 0	50. 26	5	150	2. 0
2 - 37	100. 00	50. 02	3. 0	49. 24	2	250	2. 0
2 - 38	100. 22	50. 04	3. 0	47. 42	3	250	2. 0
2 - 39	100. 10	50. 00	3. 0	44. 56	4	250	2. 0
2 - 40	100. 10	50. 08	3. 0	44. 52	5	250	2. 0
2 - 41	100. 06	50. 04	3. 0	52. 14	2	350	2. 0
2 - 42	100. 04	50. 06	3. 0	40. 16	3	350	2. 0
2 - 43	100. 04	50. 00	3. 0	40. 52	4	350	2. 0

试件号	长度/mm	宽度/mm	厚度/mm	扫描位置/mm	扫描速度/mm·s⁻¹	激光功率/W	光斑直径/mm
2 – 44	100.20	50.04	3.0	42.90	5	350	2.0
2 – 45	100.00	50.04	3.0	51.56	2	450	2.0
2 – 46	100.04	50.10	3.0	61.64	3	450	2.0
2 – 47	100.06	50.00	3.0	62.52	4	450	2.0
2 – 48	100.10	50.04	3.0	62.12	5	450	2.0

表 4 – 3 第 3 类试件的几何参数及工艺参数

试件号	长度/mm	宽度/mm	厚度/mm	扫描位置/mm	扫描速度/mm·s⁻¹	激光功率/W	光斑直径/mm
3 – 1	100.12	29.98	2.0	49.68	2	150	2.0
3 – 2	100.10	30.00	2.0	46.56	3	150	2.0
3 – 3	100.16	30.00	2.0	45.00	4	150	2.0
3 – 4	100.00	29.98	2.0	42.74	5	150	2.0
3 – 5	99.92	29.92	2.0	58.54	2	250	2.0
3 – 6	100.06	30.00	2.0	60.38	3	250	2.0
3 – 7	100.16	29.96	2.0	48.64	4	250	2.0
3 – 8	100.20	30.04	2.0	52.86	5	250	2.0
3 – 9	100.04	29.96	2.0	51.86	2	350	2.0
3 – 10	100.00	29.92	2.0	52.92	3	350	2.0
3 – 11	100.16	29.98	2.0	46.58	4	350	2.0
3 – 12	99.98	29.88	2.0	44.58	5	350	2.0
3 – 13	100.02	29.92	2.0	48.10	2	450	2.0
3 – 14	100.00	29.96	2.0	49.74	3	450	2.0
3 – 15	99.90	29.90	2.0	49.24	4	450	2.0
3 – 16	99.90	29.82	2.0	47.16	5	450	2.0
3 – 17	100.00	29.90	2.0	46.90	2	450	2.5
3 – 18	100.02	29.96	2.0	43.38	3	450	2.5
3 – 19	99.94	29.94	2.0	43.58	4	450	2.5
3 – 20	99.94	29.92	2.0	44.80	5	450	2.5

试件号	长度 /mm	宽度 /mm	厚度 /mm	扫描位置 /mm	扫描速度 /mm·s^{-1}	激光功率 /W	光斑直径 /mm
3 - 21	100. 12	30. 00	2. 0	48. 10	2	350	2. 5
3 - 22	100. 10	29. 98	2. 0	43. 68	3	350	2. 5
3 - 23	100. 08	29. 96	2. 0	44. 02	4	350	2. 5
3 - 24	100. 06	30. 00	2. 0	41. 90	5	450	2. 5
3 - 25	100. 00	29. 98	2. 0	35. 36	2	250	2. 5
3 - 26	100. 10	30. 00	2. 0	49. 90	3	250	2. 5
3 - 27	100. 10	29. 98	2. 0	54. 90	4	250	2. 5
3 - 28	100. 20	30. 00	2. 0	54. 64	5	250	2. 5
3 - 29	100. 16	29. 98	2. 0	56. 98	2	150	2. 5
3 - 30	100. 12	29. 94	2. 0	63. 90	3	150	2. 5
3 - 31	100. 08	30. 00	2. 0	33. 18	4	150	2. 5
3 - 32	99. 94	29. 92	2. 0	46. 82	5	150	2. 5
3 - 33	100. 12	29. 94	2. 0	45. 16	2	250	3. 0
3 - 34	100. 10	29. 94	2. 0	42. 04	3	250	3. 0
3 - 35	100. 04	30. 00	2. 0	40. 38	4	250	3. 0
3 - 36	100. 08	30. 02	2. 0	49. 02	5	250	3. 0
3 - 37	100. 08	29. 96	2. 0	51. 32	2	350	3. 0
3 - 38	100. 12	30. 00	2. 0	56. 20	3	350	3. 0
3 - 39	100. 20	29. 98	2. 0	55. 26	4	350	3. 0
3 - 40	100. 10	29. 98	2. 0	58. 50	5	350	3. 0
3 - 41	99. 92	29. 92	2. 0	50. 30	2	450	3. 0
3 - 42	100. 06	30. 04	2. 0	45. 60	3	450	3. 0
3 - 43	99. 90	29. 92	2. 0	47. 04	4	450	3. 0
3 - 44	100. 10	29. 46	2. 0	48. 04	5	450	3. 0
3 - 45	99. 92	29. 90	2. 0	47. 00	2	550	3. 0
3 - 46	100. 02	29. 80	2. 0	48. 38	3	550	3. 0
3 - 47	100. 20	30. 00	2. 0	50. 46	4	550	3. 0
3 - 48	100. 04	30. 04	2. 0	49. 42	5	550	3. 0

表 4 - 4　第 4 类试件的几何参数及工艺参数

试件号	长度/mm	宽度/mm	厚度/mm	扫描位置/mm	扫描速度/mm·s^{-1}	激光功率/W	光斑直径/mm
4 - 1	100.14	29.96	3.0	53.44	2	550	3.0
4 - 2	99.62	30.02	3.0	52.76	3	550	3.0
4 - 3	100.24	30.00	3.0	43.70	4	550	3.0
4 - 4	100.06	29.98	3.0	44.58	5	550	3.0
4 - 5	99.90	29.96	3.0	41.28	2	450	3.0
4 - 6	100.12	29.94	3.0	49.52	3	450	3.0
4 - 7	99.98	30.04	3.0	54.32	4	450	3.0
4 - 8	100.02	30.00	3.0	58.60	5	450	3.0
4 - 9	100.08	30.00	3.0	58.10	2	350	3.0
4 - 10	99.36	30.00	3.0	59.70	3	350	3.0
4 - 11	100.06	30.02	3.0	60.48	4	350	3.0
4 - 12	100.10	29.92	3.0	57.80	5	350	3.0
4 - 13	100.16	30.06	3.0	53.20	2	250	3.0
4 - 14	100.18	29.80	3.0	50.00	3	250	3.0
4 - 15	99.64	30.00	3.0	47.34	4	250	3.0
4 - 16	100.20	29.96	3.0	51.20	5	250	3.0
4 - 17	100.16	29.98	3.0	50.64	2	250	2.5
4 - 18	100.38	30.00	3.0	57.48	3	250	2.5
4 - 19	100.04	30.06	3.0	58.64	4	250	2.5
4 - 20	99.76	29.98	3.0	58.84	5	250	2.5
4 - 21	100.22	30.00	3.0	51.28	2	350	2.5
4 - 22	100.12	30.00	3.0	53.40	3	350	2.5
4 - 23	100.10	30.16	3.0	54.72	4	350	2.5
4 - 24	99.82	29.90	3.0	56.18	5	350	2.5
4 - 25	100.02	30.02	3.0	47.30	2	450	2.5
4 - 26	100.16	29.98	3.0	50.54	3	450	2.5
4 - 27	100.30	30.04	3.0	47.32	4	450	2.5
4 - 28	100.10	30.02	3.0	45.10	5	450	2.5

试件号	长度 /mm	宽度 /mm	厚度 /mm	扫描位置 /mm	扫描速度 /mm·s^{-1}	激光功率 /W	光斑直径 /mm
4 - 29	100. 08	30. 04	3. 0	45. 16	2	550	2. 5
4 - 30	99. 84	30. 04	3. 0	53. 54	3	550	2. 5
4 - 31	100. 10	30. 00	3. 0	50. 10	4	550	2. 5
4 - 32	100. 20	30. 04	3. 0	48. 30	5	550	2. 5
4 - 33	100. 00	29. 98	3. 0	45. 32	2	550	2. 0
4 - 34	100. 20	29. 94	3. 0	46. 08	3	550	2. 0
4 - 35	99. 96	29. 98	3. 0	43. 18	4	550	2. 0
4 - 36	99. 42	30. 00	3. 0	50. 90	5	550	2. 0
4 - 37	100. 10	30. 10	3. 0	53. 46	2	450	2. 0
4 - 38	100. 04	30. 12	3. 0	56. 20	3	450	2. 0
4 - 39	100. 02	30. 00	3. 0	55. 80	4	450	2. 0
4 - 40	100. 28	30. 08	3. 0	58. 54	5	450	2. 0
4 - 41	100. 14	30. 06	3. 0	53. 68	2	350	2. 0
4 - 42	100. 10	29. 50	3. 0	46. 60	3	350	2. 0
4 - 43	100. 04	29. 96	3. 0	48. 62	4	350	2. 0
4 - 44	100. 10	29. 96	3. 0	43. 66	5	350	2. 0
4 - 45	100. 14	30. 00	3. 0	43. 60	2	250	2. 0
4 - 46	100. 10	30. 00	3. 0	47. 48	3	250	2. 0
4 - 47	100. 00	29. 98	3. 0	55. 22	4	250	2. 0
4 - 48	99. 48	30. 06	3. 0	55. 66	5	250	2. 0
4 - 49	100. 14	30. 16	3. 0	60. 42	2	650	2. 0
4 - 50	100. 26	30. 02	3. 0	63. 92	3	650	2. 0
4 - 51	100. 12	29. 96	3. 0	48. 52	4	650	2. 0
4 - 52	99. 84	30. 02	3. 0	49. 52	5	650	2. 0
4 - 53	100. 06	30. 18	3. 0	52. 06	2	650	2. 5
4 - 54	100. 04	30. 02	3. 0	50. 20	3	650	2. 5
4 - 55	99. 66	30. 12	3. 0	42. 48	4	650	2. 5
4 - 56	100. 26	30. 20	3. 0	51. 26	5	650	2. 5

试件号	长度 /mm	宽度 /mm	厚度 /mm	扫描位置 /mm	扫描速度 /mm·s⁻¹	激光功率 /W	光斑直径 /mm
4 - 57	100. 18	30. 00	3. 0	47. 46	2	650	3. 0
4 - 58	100. 08	20. 10	3. 0	44. 68	3	650	3. 0
4 - 59	99. 84	30. 06	3. 0	48. 58	4	650	3. 0
4 - 60	100. 16	30. 04	3. 0	52. 68	5	650	3. 0

表 4 - 5　第 5 类试件的几何参数及工艺参数

试件号	长度 /mm	宽度 /mm	厚度 /mm	扫描位置 /mm	扫描速度 /mm·s⁻¹	激光功率 /W	光斑直径 /mm
5 - 1	100. 38	50. 00	5. 6	50. 10	2	750	3. 0
5 - 2	100. 10	50. 04	5. 6	44. 32	3	750	3. 0
5 - 3	100. 08	50. 02	5. 6	41. 30	4	750	3. 0
5 - 4	100. 22	50. 18	5. 6	40. 52	5	750	3. 0
5 - 5	100. 10	50. 10	5. 6	40. 94	2	650	3. 0
5 - 6	100. 02	50. 16	5. 6	52. 22	3	650	3. 0
5 - 7	100. 12	50. 08	5. 6	57. 04	4	650	3. 0
5 - 8	100. 00	50. 08	5. 6	59. 86	5	650	3. 0
5 - 9	100. 20	50. 08	5. 6	60. 96	2	550	3. 0
5 - 10	100. 00	50. 06	5. 6	61. 42	3	550	3. 0
5 - 11	100. 12	50. 08	5. 6	54. 88	4	550	3. 0
5 - 12	100. 02	49. 96	5. 6	50. 20	5	550	3. 0
5 - 13	99. 96	50. 00	5. 6	48. 78	2	450	3. 0
5 - 14	100. 18	50. 14	5. 6	42. 90	3	450	3. 0
5 - 15	100. 00	50. 08	5. 6	33. 32	4	450	3. 0
5 - 16	100. 04	50. 06	5. 6	47. 78	5	450	3. 0
5 - 17	100. 10	50. 10	5. 6	47. 68	2	350	3. 0
5 - 18	100. 00	49. 98	5. 6	51. 06	3	350	3. 0
5 - 19	100. 18	50. 06	5. 6	55. 12	4	350	3. 0
5 - 20	99. 82	50. 02	5. 6	63. 54	5	350	3. 0
5 - 21	99. 72	50. 00	5. 6	52. 62	2	350	2. 5

试件号	长度 /mm	宽度 /mm	厚度 /mm	扫描位置 /mm	扫描速度 /mm·s^{-1}	激光功率 /W	光斑直径 /mm
5 - 22	99.90	50.00	5.6	57.32	3	350	2.5
5 - 23	99.92	50.04	5.6	51.83	4	350	2.5
5 - 24	100.04	50.02	5.6	52.26	5	350	2.5
5 - 25	100.12	50.02	5.6	43.18	2	450	2.5
5 - 26	100.08	50.08	5.6	55.20	3	450	2.5
5 - 27	100.16	50.12	5.6	52.64	4	450	2.5
5 - 28	100.24	50.10	5.6	52.98	5	450	2.5
5 - 29	100.00	50.12	5.6	54.14	2	550	2.5
5 - 30	100.12	50.00	5.6	61.14	3	550	2.5
5 - 31	100.20	50.00	5.6	52.68	4	550	2.5
5 - 32	100.14	50.12	5.6	46.52	5	550	2.5
5 - 33	100.04	49.96	5.6	40.54	2	650	2.5
5 - 34	100.02	50.06	5.6	39.46	3	650	2.5
5 - 35	99.68	50.00	5.6	38.32	4	650	2.5
5 - 36	100.12	50.00	5.6	46.34	5	650	2.5
5 - 37	100.12	50.06	5.6	52.72	2	750	2.5
5 - 38	100.10	50.00	5.6	57.58	3	750	2.5
5 - 39	100.02	50.00	5.6	59.10	4	750	2.5
5 - 40	100.06	50.02	5.6	60.80	5	750	2.5
5 - 41	100.02	50.16	5.6	56.34	2	750	2.0
5 - 42	99.96	50.12	5.6	52.60	3	750	2.0
5 - 43	100.06	50.10	5.6	51.08	4	750	2.0
5 - 44	99.92	50.02	5.6	54.80	5	750	2.0
5 - 45	100.04	50.08	5.6	60.10	2	650	2.0
5 - 46	100.02	50.04	5.6	51.72	3	650	2.0
5 - 47	100.04	50.02	5.6	53.00	4	650	2.0
5 - 48	100.02	50.06	5.6	57.96	5	650	2.0
5 - 49	100.00	50.00	5.6	60.20	2	550	2.0

试件号	长度 /mm	宽度 /mm	厚度 /mm	扫描位置 /mm	扫描速度 /mm·s⁻¹	激光功率 /W	光斑直径 /mm
5-50	100.20	50.00	5.6	65.66	3	550	2.0
5-51	100.02	50.12	5.6	49.90	4	550	2.0
5-52	100.00	50.10	5.6	47.90	5	550	2.0
5-53	100.10	50.00	5.6	50.22	2	450	2.0
5-54	100.10	50.02	5.6	46.00	3	450	2.0
5-55	100.32	50.20	5.6	39.06	4	450	2.0
5-56	100.02	50.00	5.6	47.08	5	450	2.0
5-57	100.16	50.02	5.6	47.12	2	350	2.0
5-58	100.12	50.06	5.6	44.90	3	350	2.0
5-59	100.08	50.20	5.6	51.32	4	350	2.0
5-60	100.32	49.94	5.6	57.08	5	350	2.0

表 4-6 第 6 类试件的几何参数及工艺参数

试件号	长度 /mm	宽度 /mm	厚度 /mm	扫描位置 /mm	扫描速度 /mm·s⁻¹	激光功率 /W	光斑直径 /mm
6-1	99.94	30.04	5.6	48.80	1	350	2.0
6-2	100.00	30.06	5.6	45.32	2	350	2.0
6-3	100.06	30.00	5.6	42.94	3	350	2.0
6-4	100.10	30.02	5.6	38.40	4	350	2.0
6-5	100.36	30.02	5.6	62.92	1	450	2.0
6-6	100.00	30.00	5.6	53.00	2	450	2.0
6-7	99.66	29.98	5.6	55.90	3	450	2.0
6-8	99.86	30.00	5.6	58.40	4	450	2.0
6-9	100.00	30.00	5.6	63.54	1	550	2.0
6-10	100.30	30.00	5.6	64.30	2	550	2.0
6-11	99.72	29.98	5.6	55.52	3	550	2.0
6-12	100.26	30.02	5.6	53.34	4	550	2.0
6-13	100.16	30.14	5.6	54.78	1	650	2.0
6-14	100.28	29.96	5.6	54.54	2	650	2.0

试件号	长度 /mm	宽度 /mm	厚度 /mm	扫描位置 /mm	扫描速度 /mm·s^{-1}	激光功率 /W	光斑直径 /mm
6 - 15	100.32	30.02	5.6	51.78	3	650	2.0
6 - 16	100.22	30.06	5.6	47.36	4	650	2.0
6 - 17	100.38	29.98	5.6	48.40	1	750	2.0
6 - 18	100.18	30.00	5.6	48.82	2	750	2.0
6 - 19	100.20	30.20	5.6	47.30	3	750	2.0
6 - 20	100.24	30.08	5.6	49.88	4	750	2.0
6 - 21	99.84	29.96	5.6	45.58	1	750	2.5
6 - 22	100.02	30.18	5.6	46.12	2	750	2.5
6 - 23	100.32	29.96	5.6	48.40	3	750	2.5
6 - 24	100.14	30.02	5.6	46.06	4	750	2.5
6 - 25	100.30	30.04	5.6	42.62	1	650	2.5
6 - 26	100.16	30.12	5.6	51.52	2	650	2.5
6 - 27	100.20	30.22	5.6	49.44	3	650	2.5
6 - 28	100.16	30.00	5.6	48.22	4	650	2.5
6 - 29	100.18	30.18	5.6	50.98	1	550	2.5
6 - 30	100.12	30.08	5.6	52.92	2	550	2.5
6 - 31	99.88	29.94	5.6	49.90	3	550	2.5
6 - 32	99.60	30.10	5.6	49.52	4	550	2.5
6 - 33	99.84	30.00	5.6	49.68	1	450	2.5
6 - 34	99.74	29.96	5.6	50.66	2	450	2.5
6 - 35	100.04	30.00	5.6	51.98	3	450	2.5
6 - 36	100.06	30.14	5.6	52.10	4	450	2.5
6 - 37	99.92	30.00	5.6	52.66	1	350	2.5
6 - 38	100.08	30.00	5.6	52.30	2	350	2.5
6 - 39	99.60	29.96	5.6	51.80	3	350	2.5
6 - 40	99.98	29.92	5.6	49.82	4	350	2.5
6 - 41	100.20	30.10	5.6	56.92	1	350	3.0
6 - 42	99.90	29.96	5.6	57.38	2	350	3.0

试件号	长度/mm	宽度/mm	厚度/mm	扫描位置/mm	扫描速度/mm·s^{-1}	激光功率/W	光斑直径/mm
6-43	100.16	30.06	5.6	60.32	3	350	3.0
6-44	99.68	29.98	5.6	51.72	4	350	3.0
6-45	100.06	30.00	5.6	53.74	1	450	3.0
6-46	99.92	30.10	5.6	50.94	2	450	3.0
6-47	100.32	29.98	5.6	49.20	3	450	3.0
6-48	100.20	30.04	5.6	51.02	4	450	3.0
6-49	99.80	29.98	5.6	53.90	1	550	3.0
6-50	100.08	29.96	5.6	52.02	2	550	3.0
6-51	99.96	29.96	5.6	49.82	3	550	3.0
6-52	99.76	29.98	5.6	50.98	4	550	3.0
6-53	100.20	30.10	5.6	50.76	1	650	3.0
6-54	99.62	29.96	5.6	48.82	2	650	3.0
6-55	100.20	30.02	5.6	48.30	3	650	3.0
6-56	100.38	30.06	5.6	51.30	4	650	3.0
6-57	100.14	30.00	5.6	47.50	1	750	3.0
6-58	100.20	30.02	5.6	48.22	2	750	3.0
6-59	100.16	30.04	5.6	51.58	3	750	3.0
6-60	100.20	30.08	5.6	54.72	4	750	3.0

4.2　单因素试验结果分析

4.2.1　激光扫描速度对弯曲角的影响

图4-3~图4-8分别给出了第1类试件（光斑直径2.0mm）、第2类试件（光斑直径3.0mm）、第3类试件（光斑直径2.0mm）、第4类试件（光斑直径3.0mm）、第5类试件（光斑直径2.5mm）、第6类试件（光斑直径3.0mm）在不同激光功率下扫描速度对弯曲角的影响。

从图4-3~图4-8中可以看出，随着激光扫描速度的增加，板材的弯曲角的变化趋势总体上讲是降低的，这是因为随着扫描速度的增加，激光作用在材料上的时间减少，即随着激光吸收能量的降低，板材弯曲的角度下降。但是从实验结果图中明显看出，由于激光加工过程中存在随机因素，有些试件的弯曲角的变化规律出现变异。

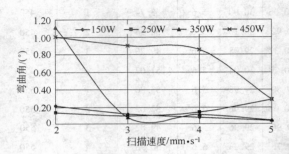

图 4-3　第 1 类试件的扫描速度对弯曲角的影响

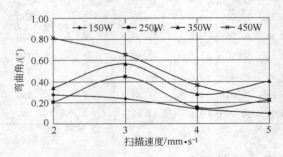

图 4-4　第 2 类试件的扫描速度对弯曲角的影响

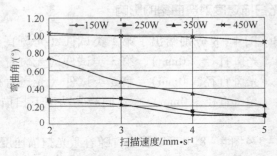

图 4-5　第 3 类试件的扫描速度对弯曲角的影响

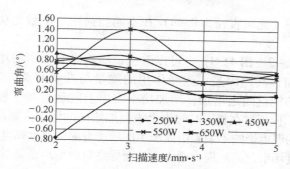

图 4 - 6 第 4 类试件的扫描速度对弯曲角的影响

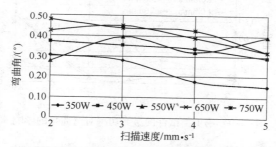

图 4 - 7 第 5 类试件的扫描速度对弯曲角的影响

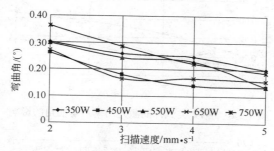

图 4 - 8 第 6 类试件的扫描速度对弯曲角的影响

4.2.2 激光功率对弯曲角的影响

图 4 - 9 ~ 图 4 - 14 分别给出了第 1 类试件（光斑直径 2.0mm）、第 2 类试件（光斑直径 3.0mm）、第 3 类试件（光斑直径 2.0mm）、第 4 类试件（光斑直径 3.0mm）、第 5 类试件（光斑直径 2.5mm）、

第6类试件（光斑直径3.0mm）在不同扫描速度下激光功率对弯曲角的影响。

从图4-9～图4-14中可以看出，随着激光功率的增加，弯曲角随之增加，其原因是：激光作用的能量与功率有关，功率增加，激光作用的能量随之增加，增加功率实质上就是增加了板材吸收的能量密度，使板材在相同时间内上表面加热区的温度大幅度增加，而对下表面的温度影响不大，由此产生的厚度方向的温度梯度大大增加，非均匀温度场引起的热应力增大，从而导致弯曲变形显著增大。

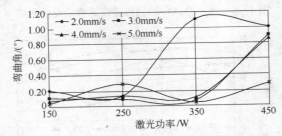

图4-9　第1类试件的激光功率对弯曲角的影响

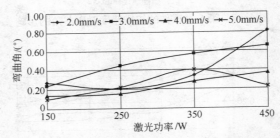

图4-10　第2类试件的激光功率对弯曲角的影响

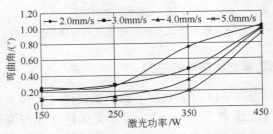

图4-11　第3类试件的激光功率对弯曲角的影响

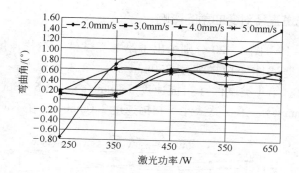

图 4 - 12　第 4 类试件的激光功率对弯曲角的影响

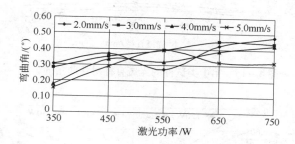

图 4 - 13　第 5 类试件的激光功率对弯曲角的影响

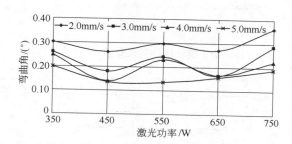

图 4 - 14　第 6 类试件的激光功率对弯曲角的影响

　　当功率达到某一极限值时，弯曲角达到最大值，随后逐渐减小。

4.2.3　光斑直径对弯曲角的影响

图 4 - 15 ~ 图 4 - 20 分别给出了第 1 类试件（扫描速度 2.0mm/ s）、第 2 类试件（扫描速度 3.0mm/s）、第 3 类试件（扫描速度 2.0mm/s）、第 4 类试件（扫描速度 3.0mm/s）、第 5 类试件（扫描速度 2.0mm/s）、第 6 类试件（扫描速度 2.0mm/s）在不同激光功率

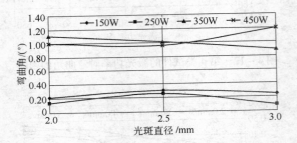

图 4 - 15　第 1 类试件的光斑直径对弯曲角的影响

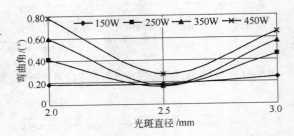

图 4 - 16　第 2 类试件的光斑直径对弯曲角的影响

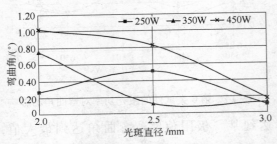

图 4 - 17　第 3 类试件的光斑直径对弯曲角的影响

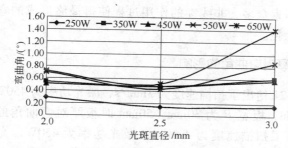

图 4 – 18　第 4 类试件的光斑直径对弯曲角的影响

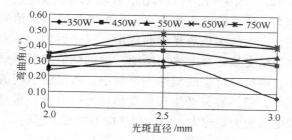

图 4 – 19　第 5 类试件的光斑直径对弯曲角的影响

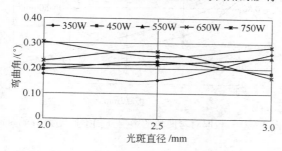

图 4 – 20　第 6 类试件的光斑直径对弯曲角的影响

下光斑直径对弯曲角的影响。

　　从图 4 – 15 ~ 图 4 – 20 中可以看出，随着光斑直径的增大，弯曲角的变化规律比较复杂。一般来讲，在光斑直径小于板厚时，随着光斑直径的增加，板材受热区增大，热应力随之增大，使弯曲角呈增大趋势，但是当光斑直径大于板厚的时候，受热区的能量密度降低，产生的热应力随之降低，使弯曲角呈减小趋势。但是，由于影响变形的因素众多，非线性的作用过程使得最终形成的弯曲角的变化规律复杂化。

4.2.4　板厚对弯曲角的影响

图 4 - 21 给出了扫描速度为 3mm/s，激光功率为 450W，光斑直径为 2.0mm，板宽 B 为 30mm、50mm 时板厚对弯曲角的影响。图 4 - 22 给出了扫描速度为 4mm/s，激光功率为 450W，光斑直径为 2.0mm，板宽 B 为 30mm、50mm 时板厚对弯曲角的影响。

从图 4 - 21、图 4 - 22 可以看出，在功率和扫描速度一定的情况下，厚度越大，获得的弯曲角越小，当板厚超过一定值时，在一定功率范围内，将无法实现激光弯曲成形。这是因为：一方面，板材越厚，每次扫描受热区域上表面所能产生的峰值温度越低，材料的热膨胀越小，即材料产生的塑性变形越小，由温度引起的屈服强度的下降值越小，越不容易产生塑性变形；另一方面，板材越厚，弯曲时所需要的弯曲力矩越大，对内部热应力的要求越高。

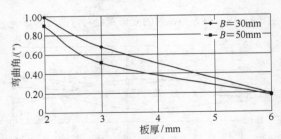

图 4 - 21　板厚对弯曲角的影响（扫描速度为 3mm/s）

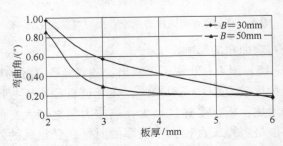

图 4 - 22　板厚对弯曲角的影响（扫描速度为 4mm/s）

4.3 双因素试验结果分析

在激光成形中，常用激光输出功率 P 与扫描速度 v 之比作为一个综合能量指标来考察能量密度对成形的影响，实际上比值 P/v 表征了激光束扫描时的线能量密度。图 4-23 ~ 图 4-25 是不同类型试件在激光成形实验中线能量密度对弯曲角的影响。在一定的范围内，弯曲角随 P/v 值的增大而增大（呈近似的线性关系），但当 P/v 值超过某一临界值时，弯曲角随 P/v 值的增大开始减小。这是因为 P/v 值的增大使板料加热面的温度峰值增加，不仅在板厚方向会产生更大的温度梯度，而且会进一步降低材料的屈服极限，引起板料弯曲角增大。但是 P/v 值继续升高，超过某临界值后，表层材料过热产

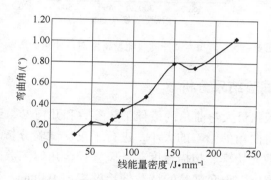

图 4-23　第 3 类试件的线能量密度对弯曲角的影响

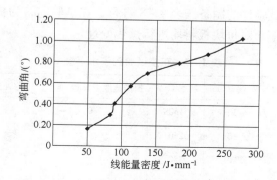

图 4-24　第 4 类试件的线能量密度对弯曲角的影响

生了轻微熔化，而且板料被加热的时间相对延长，由于热传导作用使板料背面的温度显著增高，沿板厚方向的温度梯度降低，使板料的弯曲效应减小。此临界值主要取决于材料的热物理性能与力学性能，对于特定的材料，存在一组工艺参数使板料产生的弯曲角最大。

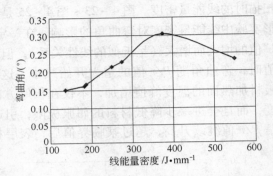

图 4 – 25　第 6 类试件的线能量密度对弯曲角的影响

4.4　正交试验结果分析

为获得板料最大弯曲角的最佳工艺参数和几何参数组合以及各因素对板料弯曲角的影响的大小，进行了正交试验分析。选择工艺参数因子为激光功率、扫描速度、光斑直径，几何参数因子为板料厚度和板料宽度。正交试验的试验件长度均为 100mm，正交试验各因子对应的水平见表 4 – 7。选用 L_{16}（4^5）正交表进行试验，见表 4 – 8。正交试验件的制备按表 4 – 8 进行，在试验前，为提高板料对光束的吸收率，对每块板料均进行黑化处理。

表 4 – 7　正交试验因子水平表

序号	厚度 A/mm	宽度 B/mm	功率 C/W	扫描速度 D/mm·s⁻¹	光斑直径 E/mm
1	2.0	30	150	2.0	2.0
2	2.0	30	250	3.0	2.0
3	3.0	50	350	4.0	2.5
4	5.6	50	450	5.0	3.0

表4-8 L_{16} (4^5) 正交表

序号	A	B	C	D	E
1	1	1	1	1	1
2	1	2	2	2	2
3	1	3	3	3	3
4	1	4	4	4	4
5	2	1	2	3	4
6	2	2	1	4	3
7	2	3	4	1	2
8	2	4	3	2	1
9	3	1	3	4	2
10	3	2	4	3	1
11	3	3	1	2	4
12	3	4	2	1	3
13	4	1	4	2	3
14	4	2	3	1	4
15	4	3	2	4	1
16	4	4	1	3	2

正交表直观分析所需基本数据如表4-9所示。表4-10中 K_1、K_2、K_3、K_4 分别是1水平、2水平、3水平、4水平弯曲角之和。k_1、k_2、k_3、k_4 就是用 K_1、K_2、K_3、K_4 除以1水平、2水平、3水平、4水平重复的次数。极差 R_i 就是某列 k_1、k_2、k_3、k_4 中的最大值减去最小值。极差反映了各水平的因子变化幅度。

表4-9 试验弯曲角结果

序号	A	B	C	D	E	弯曲角/(°)
1	1	1	1	1	1	0.2538
2	1	2	2	2	2	0.2848
3	1	3	3	3	3	0.7986
4	1	4	4	4	4	0.6682
5	2	1	2	3	4	0.1703
6	2	2	1	4	3	0.1614
7	2	3	4	1	2	1.004
8	2	4	3	2	1	0.3772
9	3	1	3	4	2	0.4059
10	3	2	4	3	1	0.5753

序号	A	B	C	D	E	弯曲角/(°)
11	3	3	1	2	4	0.2412
12	3	4	2	1	3	0.2417
13	4	1	4	2	3	0.1103
14	4	2	3	1	2	0.2597
15	4	3	2	4	1	0.2611
16	4	4	1	3	2	0.2011

表 4 - 10　试验结果检验　　　　　　　　　　　　　　(°)

项目	A	B	C	D	E
K_1	2.0054	0.9403	0.8575	1.7592	1.4674
K_2	1.6229	1.2812	1.0579	1.0135	1.8958
K_3	1.4641	2.3049	1.8414	1.0509	1.3120
K_4	0.8322	1.4882	2.3587	1.4966	1.3394
k_1	0.5014	0.2351	0.2144	0.4398	0.3669
k_2	0.4075	0.3203	0.2645	0.2534	0.4740
k_3	0.3660	0.5762	0.4604	0.2627	0.3280
k_4	0.2080	0.3720	0.5897	0.3742	0.3349
R_i	0.2934	0.1964	0.3753	0.1864	0.09245

　　为了便于分析，做出了各水平 k 值与参数因子的关系图，见图 4 - 26 ～ 图 4 - 30。

　　由表 4 - 10 和图 4 - 26 ～ 图 4 - 30 可对板材激光弯曲角的影响因素做如下分析：

　　(1) 因子与指标的变化规律分析。从表中 k_1、k_2、k_3、k_4 的值和图 4 - 26 ～ 图 4 - 30 都可以看出，板材厚度从 2.0mm 变化到 5.6mm 的过程中，k 值逐渐减小；板材宽度从 30mm 变化到 50mm 的过程中，k 值逐渐增大；激光功率从 150W 变化到 450W 的过程中，k 值增大；扫描速度从 2mm/s 变化到 5mm/s 的过程中，k 值先减小后增大；光斑直径从 2.0mm 变化到 3.0mm 的过程中，k 值先减小后增大。

　　(2) 因子影响指标主次顺序分析。从极差 R_i 来看，各因子影响弯曲角程度的顺序是：

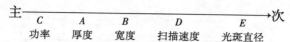

其中，本试验中宽度与扫描速度因子对弯曲角的影响程度非常相近。

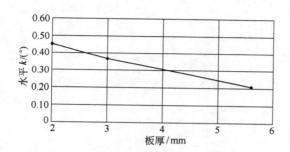

图4-26 各水平 k 值随板厚因子变化的规律

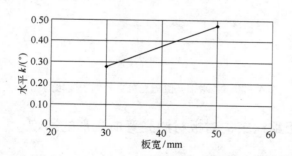

图4-27 各水平 k 值随板宽因子变化的规律

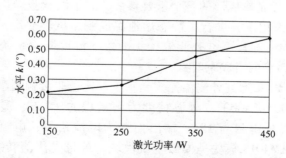

图4-28 各水平 k 值随激光功率因子变化的规律

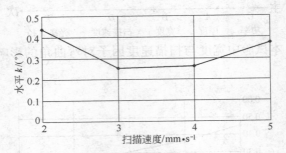

图 4 - 29　各水平 k 值随扫描速度因子变化的规律

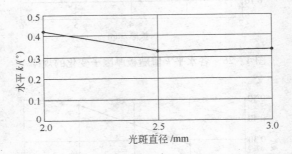

图 4 - 30　各水平 k 值随光斑直径因子变化的规律

4.5　金相组织结构对板材激光弯曲成形的影响

4.5.1　温度测量与分析

温度是激光热成形的一个重要参数，为了测量激光热成形过程中熔池的温度情况，进行了静态熔池温度测量试验研究。图 4 - 31 是基于 IRTM - 2CK 型红外测温探头的熔池温度测量系统照片，图 4 - 32 是该系统的组成原理图。

IRTM - 2CK 型红外测温探头是基于双比色非接触测温原理，测温范围为 900 ~ 2500℃，测温精度为满量程的 ±1%，重复精度为 ±2%，测温分辨率为 1℃。输出信号为电流信号，电流值为 4 ~ 20mA。ADAM4018 模块是模数转换模块，可将电流值转换成 RS - 232 数字信号。ADAM4520 模块是 RS - 232 到 RS - 485 转换模块，

图 4 – 31　基于 IRTM – 2CK 型红外测温探头的熔池温度测量系统照片
a—温度测量工作现场；b—温度测量系统

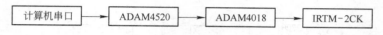

图 4 – 32　测温系统的组成原理图

经过转换后的数字信号接入计算机的串口。通过编程可以采集到串口的数据并且实时进行显示与记录。表 4 – 11 记录了激光功率、激光器电流与静态稳定激光熔池温度数据之间的关系。

表 4 – 11　激光功率、激光电流与熔池温度关系表

电流 I/A	3.0	3.5	4.0	4.5	5.0	5.5	6.0
功率 P/W	70	280	530	800	1080	1330	1600
温度 T/℃	1600	1780	2200	2300	2380	2460	2500

图 4 – 33 为激光器的放电电流与激光功率的关系曲线。由曲线分析可知，激光器的输出功率与激光器放电电流成正比变化。在放电电流恒定的情况下，激光功率输出稳定。

图 4 – 34 为激光器放电电流与激光熔池温度的关系曲线。由曲线分析可知，激光熔池温度随激光器放电电流的增加而升高。在电流较小时，温度升幅较大；而电流较大之后，温度升幅逐渐减小，熔池内的温度值趋于静止稳定状态。

图 4 – 35 为激光功率与激光熔池温度的关系曲线。由曲线分析可知，激光熔池温度随激光功率增加而升高。由图 4 – 33 可知激光

功率与放电电流成正比变化，因此图 4 - 35 与图 4 - 34 的变化规律相同。

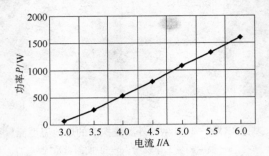

图 4 - 33　激光器放电电流与激光功率的关系曲线

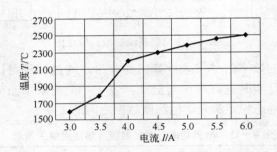

图 4 - 34　激光器放电电流与激光熔池温度的关系曲线

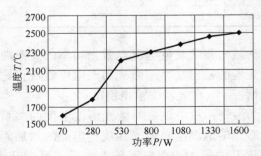

图 4 - 35　激光功率与激光熔池温度的关系曲线

　　上述激光热成形温度测量与分析试验是在激光光斑静止状态下进行的。在运动状态下，激光光斑温度要比静止状态下低 500℃ 左右，温度变化主要受运动速度影响。在这里，是以 Q235 钢板材为研究对象进行的激光热成形试验，Q235 钢的熔点为 1673K 左右，所以激光扫描区域大部分是属于淬火状态。

4.5.2　扫描区截面尺寸测量与分析

在进行激光热成形试验时，被测试样经过激光扫描之后，一方面会产生宏观的热变形，另一方面会使扫描区域的微观组织发生金相上的变化，而且这种微观金相组织的变化必然是影响其宏观热变形的主要原因之一。因此对激光热成形扫描区的截面形状进行测量与分析有助于揭示热变形与金相组织变化的关系。

从所有的试样中选择 16 块典型试样，其对应的扫描速度和激光功率如表 4 - 12 所示。各试样对应的变形量和弯曲角如表 4 - 13 所示。图 4 - 36、图 4 - 37 分别为变形量、弯曲角与扫描速度、激光功率之间的关系曲线。

表 4 - 12　各试样编号对应的扫描速度 v 和激光功率 P 关系表

$v/\text{mm} \cdot \text{s}^{-1}$	P/W			
	150	250	350	450
2	1 - 5	1 - 1	1 - 7	1 - 13
3	1 - 4	1 - 10	1 - 6	1 - 14
4	1 - 3	1 - 9	1 - 11	1 - 15
5	1 - 2	1 - 8	1 - 12	1 - 16

表 4 - 13　各试样对应的变形量和弯曲角关系表

试件号	变形量 /mm	弯曲角 / (°)	扫描速度 /mm · s^{-1}	激光功率 /W	光斑直径 /mm
1 - 5	0.22	0.2163	2	150	2.0
1 - 4	0.12	0.1168	3	150	2.0
1 - 3	0.08	0.07756	4	150	2.0
1 - 2	0.04	0.04146	5	150	2.0
1 - 1	0.12	0.1380	2	250	2.0
1 - 10	0.08	0.09336	2	250	2.0

试件号	变形量 /mm	弯曲角 /(°)	扫描速度 /mm·s⁻¹	激光功率 /W	光斑直径 /mm
1 – 9	0.10	0.1387	4	250	2.0
1 – 8	0.22	0.2886	5	250	2.0
1 – 7	0.82	1.108	2	350	2.0
1 – 6	0.06	0.07725	3	350	2.0
1 – 11	0.10	0.1133	4	350	2.0
1 – 12	0.04	0.04483	5	350	2.0
1 – 13	0.94	1.004	2	450	2.0
1 – 14	0.82	0.8987	3	450	2.0
1 – 15	0.78	0.8581	4	450	2.0
1 – 16	0.26	0.2899	5	450	2.0

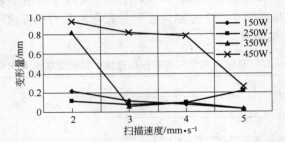

图 4 – 36 变形量与扫描速度及激光功率之间的关系曲线

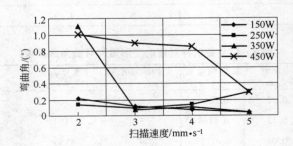

图 4 – 37 弯曲角与扫描速度及激光功率之间的关系曲线

由图 4 – 36、图 4 – 37 可见，随着扫描速度的增加，变形量与弯曲角均呈减小趋势；随着激光功率的提高，变形量与弯曲角均呈增大趋势。

将上述 16 件试样的激光扫描区域沿横截面切割下来，经过磨制及抛光处理后，采用 4% 的 HNO_3 酒精溶液进行腐蚀，制成金相试样，在金相显微镜下观察激光扫描断面形状及其尺寸。图 4-38 是 1-13 号试样的激光扫描断面金相照片。

图 4-38　1-13 号试样的激光扫描断面金相照片（100×）

由图 4-38 可见，激光扫描区域明显发生了金相上的改变，从而形成了激光淬火区。基体与激光淬火区存在明显的分界线，分界线可近似为圆周的一段弧线。图 4-39 是根据图 4-38 绘制的激光扫描线截面轮廓示意图。在图 4-39 中，将圆弧所对应的弦长称为扫描宽度 w，将弦高称为扫描深度 h。将扫描宽度 w 及扫描深度 h 这两个参数作为衡量激光扫描线截面尺寸的主要参数。在不同激光扫描参数下，会获得具有不同扫描宽度 w 及扫描深度 h 的激光扫描淬火区截面的轮廓，甚至在试验的某些扫描参数下，不能够形成明显的激光扫描区轮廓。

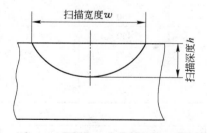

图 4-39　激光扫描线截面轮廓示意图

表 4-14 是在金相显微镜下测量得到的 16 件试样的扫描宽度 w 及扫描深度 h 这两个参数，图 4-40、图 4-41 分别为扫描宽度、扫描深度与扫描速度、激光功率之间的关系曲线。由图 4-40、图 4-41 可以看出：随着扫描速度 v 的增加，扫描宽度 w 及扫描深度 h 均呈减小趋势；随着激光功率 P 的提高，扫描宽度 w 及扫描深度 h 均呈增大趋势；并且，扫描宽度的变化趋势明显弱于扫描深度的变化

趋势，说明相变区的深度受激光参数的影响较大，而材料表面的相变区面积主要取决于激光光斑的直径，受其他参数影响较小。另外，在较低的激光功率 P 和较高的扫描速度 v 下，观察不到明显的扫描宽度 w 及扫描深度 h 的数值，说明此时的激光参数不足以改变材料内部的金相组织结构。

表 4 – 14　各试样对应的扫描宽度及扫描深度关系表

试件号	扫描速度/mm·s⁻¹	激光功率/W	扫描宽度/mm	扫描深度/mm
1 – 5	2	150	1.50	0.21
1 – 4	3	150	1.32	0.10
1 – 3	4	150	—	—
1 – 2	5	150	—	—
1 – 1	2	250	1.71	0.31
1 – 10	3	250	1.53	0.26
1 – 9	4	250	1.44	0.15
1 – 8	5	250	—	—
1 – 7	2	350	1.86	0.71
1 – 6	3	350	1.80	0.68
1 – 11	4	350	1.79	0.52
1 – 12	5	350	1.72	0.44
1 – 13	2	450	1.98	0.95
1 – 14	3	450	1.92	0.86
1 – 15	4	450	1.87	0.77
1 – 16	5	450	1.78	0.56

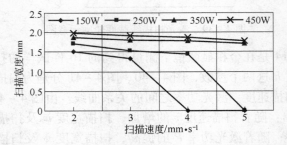

图 4 – 40　扫描宽度与扫描速度及激光功率之间的关系曲线

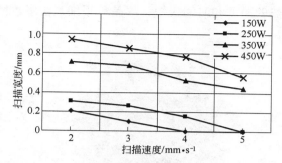

图 4 - 41 扫描深度与扫描速度及激光功率之间的关系曲线

4.5.3 扫描区截面金相组织分析

通过对激光热成形扫描区截面形状金相照片的分析可知，在大部分试件中，激光扫描区域均存在明显的相变区域。由于存在着金相组织的变化，必然引起宏观状态的变化。为了进一步分析激光扫描区截面内金相组织的变化情况，对金相组织进行放大。选取 1 - 10 号试样，图 4 - 42 是该试样在 100 倍金相显微镜下的激光扫描截面金相照片，将照片内的截面分为三个区域，由表及里依次为相变区、过渡区和基体区，如图 4 - 43 所示。

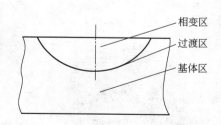

图 4 - 42 1 - 10 号试样的激光
扫描截面金相照片（100 ×）

图 4 - 43 激光扫描线截面的
三个区域示意图

各个区域的金相组织明显不同，相变区为表层硬化区，其组织为板条状马氏体，如图 4 - 44 所示。图中板条马氏体不甚明显，因激光淬火加热的温度和时间极短，故晶粒很细，在多数情况下为隐晶马氏体。

图 4 – 44　试件相变区的金相显微照片（400 ×）

激光热成形与常规热成形不同，它的加热是由点到线、由线到面，以扫描的方式来实现的。由于激光加热速度极快，一般要达 $(3 \sim 5) \times 10^3 \, ℃/s$，钢铁在快速加热时，其 A_{c1} 点上升近百度左右，因此，允许钢材表面的温度在 900 ~ 1200℃ 之间，而不致发生过热现象。在极短时间快速加热条件下，奥氏体内的碳浓度很不均匀，淬火后多数情况为隐晶马氏体或细微马氏体区域，在金相显微镜下不易分辨。

过渡区为马氏体、铁素体的混合组织结构，如图 4 – 45 所示。基体区的心部组织为铁素体、珠光体的混合组织结构，如图 4 – 46 所示。

图 4 – 45　试件过渡区的金相
　　　显微照片（400 ×）

图 4 – 46　试件基体的金相
　　　显微照片（400 ×）

4.5.4 金相组织变化对激光热成形影响情况分析

激光与金属相互作用，自 1962 年首次报道这方面的实验工作，1963 年首次报道这方面的理论工作以来，国内外均开展过大量研究工作。概括起来说，就是当激光束照射金属表面时，被辐照部分温度升高，产生蒸气，进而形成等离子体，出现热应力和冲击力，使金属材料发生拉伸、压缩、剪切、弯曲、断裂等现象，这种现象称为激光对金属板的热机械响应。这是一个包括力和热学效应的复杂的动力学过程。

此外，在影响激光对金属板的热机械响应的诸多因素中，除了力和热学效应的复杂的动力学外，金相组织变化也会对激光热成形产生影响。

试验所选用的 Q235 钢的熔点为 1673K 左右，试验中所测得的静态激光光斑区域的温度处于 Q235 钢的熔点上下，因此激光扫描线处可能呈现淬火状态或者重熔状态。通过金相组织显微观察可知，随着参数的不同，激光扫描线处呈现了明显的淬火状态或者是未发生相变状态。因此可以推断，在动态激光光斑区域的温度应该在相变线上下，而不会达到熔点。

相同质量条件下的各种金相组织的密度是不同的，因此其体积也是不同的，例如马氏体的体积比奥氏体小，铁素体、珠光体的体积介于两者之间。既然在激光热成形工艺过程中存在着相变，而不同金相组织的体积有所不同，因此金相组织的变化也必然成为影响金属板热变形的因素之一。

图 4 - 47 是在激光扫描过程中，金相组织的变化对金属板热变形的影响的示意图。图 4 - 47a 中，试验样板未进行激光扫描时，其金相组织为均匀的铁素体及珠光体，试样处于平直的未变形状态；图 4 - 47b 中，试验样板正在进行激光扫描时，扫描区域的金相组织变为奥氏体，体积增大，从而导致试样呈现中间部位凸出的鼓起状态；图 4 - 47c 中，试验样板被激光扫描完成后，其金相组织变为淬火马氏体，体积减小，从而导致试样呈现中间部位凹陷的翘曲状态。

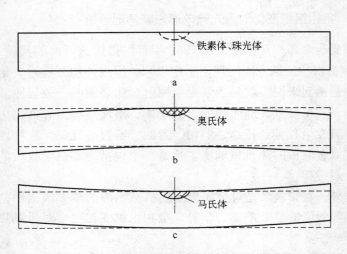

图 4 - 47　金相组织变化对金属板热变形的影响的示意图

　　金相组织变化对金属板热变形程度的影响与金相组织变化区域的体积、各种不同金相组织的体积及各种不同金相组织同时存在的比例等因素有关。其中金相组织变化区域的体积是一个可以测定的参数。然而，由于各个金相组织的体积仍然没有量化，各种不同金相组织同时存在的比例也未明确量化，因此金相组织的变化对金属板热变形的影响仍然无法进行定量分析，这方面的工作还有待进一步的研究。

5 金属激光弯曲成形过程随机变异性分析

5.1 激光弯曲成形角度计算模型

国内外众多学者采用不同的研究方法对板不均匀受热时的变形现象进行分析，试图从理论上研究温度场的不均匀性变化与塑性变形之间的关系，给出热应力变形的预测。

M. Watanaba 建立了电弧焊接时各种焊缝条件下板材变形量与工艺参数之间的关系。V. Koloman 研究了弯曲变形状况，并从能量角度推导出了火焰加热板材时，一次加热冷却循环后弯曲角的解析表达式：

$$\alpha = \frac{4P}{\sigma_s v s_0^2} \qquad (5-1)$$

式中，σ_s 为材料的屈服极限；s_0 为板材厚度；P 为火焰功率；v 为扫描速度。该式描述了弯曲角与能量因素、板厚以及材料性能参数之间的关系。实验证明，式（5-1）的求解值偏大。

德国学者 M. Geiger 与 F. Vollertsen 针对板材激光弯曲成形的特点，做了大量细致深入的研究。通过大量实验发现，板材激光弯曲时应变中性层的位置与受热面间的距离大约为 0.65 倍板材的厚度，依次建立了"双层模型"，并基于下列假设：（1）忽略板材宽度对弯曲过程的影响，假设变形为平面应变；（2）两层中心距为整个板材厚度的一半；（3）不计板材下表面的温度变化，用两层之间的温度差表征厚向温度梯度；（4）输入的能量全部用于受热区域的温升，受热区域的深度为板材厚度的一半；（5）上层受热产生的体积膨胀完全转化为塑性应变。根据静力平衡关系，得到板材的弯曲角为：

$$\alpha = \frac{180\sqrt{2}AP\alpha_{th}\sqrt{a}}{5\pi\sqrt{\pi}\sqrt{rvks_0}} \qquad (5-2)$$

式中，A 为材料对激光的吸收系数；P 为激光的输出功率；r 为光斑半径；α_{th} 为材料的线膨胀系数；k 为热导率；v 为扫描速度。1994

年，F. Vollertsen 也采用"双层模型"及上述假设，所不同的是采用传统的热平衡公式来计算板材的上下表面的温差，在静力分析时考虑了更多的因素，从而用同一模型推导出了与式（5-2）完全不同的弯曲角公式：

$$\alpha = \frac{3\alpha_{th}PA}{\rho cvs_0^2} \qquad (5-3)$$

式中，ρ 为材料密度；c 为材料比热容。1995 年，F. Vollertsen 基于屈曲机理又提出一种新模型，他认为接近激光束中心的应变是塑性的，而远离激光束中心的应变则为弹性的。当激光束扫过试样后弹性应变被释放，并且塑性应变使材料产生弯曲，得到屈曲机理条件下板材的弯曲角为：

$$\alpha = \left(\frac{36\alpha_{th}\sigma_s AP}{\rho cEvs_0^2} \right)^{\frac{1}{3}} \qquad (5-4)$$

1996 年，C. L. Yau 则从一个新的角度对板材激光弯曲进行了研究，得到了式（5-5）～式（5-7）。

$$\alpha = \frac{3\alpha_{th}PA}{\rho cvs_0^2} \cdot \frac{7}{2} - 36 \frac{r}{s_0} \cdot \frac{\sigma_s}{E} \qquad (5-5)$$

$$\frac{AP}{vr} \geq \frac{12}{7} \frac{(1+m^2)}{(1+m)} \cdot \frac{\sigma_s \rho c_p}{E\alpha_{th}} \cdot s_0 \qquad (5-6)$$

$$\frac{P}{v} \geq C' \qquad (5-7)$$

显然式（5-5）涉及更广泛的工艺因素，式中 E 为材料的弹性模量，而且由公式（5-6）可得到激光热成形时线能量密度必须满足的基本条件，即板材要产生弯曲变形，必须满足式（5-6），式中的 m 为厚度比。对于一种特定材料的板材来说，式（5-6）可简化为式（5-7），其中 C' 是一个与材料性能参数和几何参数相关的常数。

Kraus 对增厚机理的解析模型进行研究，通过选择激光束的扫描次序，利用增厚机理使箱形断面产生向外弯曲。最终的弯曲角可用下式表示：

$$\alpha = \frac{1}{B} \left| \frac{2\alpha_{\text{th}} A P_1 B}{v_1 c_{\text{p}} (2 d_1 s_0 - s_0^2) \rho} - \frac{k_{\text{f}}(T_1) d_1}{E(T_1)} \right| \qquad (5-8)$$

式中，B 为板材弯曲边的宽度；AP_1 为板材吸收的激光束能量；v_1 为激光束的扫描速度；d_1 为激光束直径；s_0 为箱形断面的壁厚；$k_{\text{f}}(T_1)$ 为材料在 T_1 温度时的流变应力；$E(T_1)$ 为材料在 T_1 温度时的弹性模量。

A. K. Kyrsanidi 在 2000 年考虑了温度梯度、加热过程中材料的塑性变形、板材尺寸、材料性能随温度的变化以及激光扫描参数等的影响，建立了一种解析模型。板材的弯曲角可表示为：

$$\alpha = \tan^{-1}(k^{\text{f}} d) \qquad (5-9)$$

$$\{k^{\text{f}}\} = \frac{\int_{-H/2}^{H/2} \{\varepsilon^{\text{pl}}\} z \, dz}{H^3/12} \qquad (5-10)$$

式中，d 为激光束直径；$\{\varepsilon^{\text{pl}}\}$ 为单元的最终曲率。

P. J. Cheng 做了以下假设：忽略纵向方向的热传导；在加热过程中，弯曲角是温度分布的函数；忽略重力的影响；假设板材无初始应力；材料是各向同性的并服从 Mises 屈服准则，建立了激光直线扫描时的弯曲角模型：

$$\alpha = 2 \int k_y' \, dy \qquad (5-11)$$

$$\begin{bmatrix} \varepsilon_y^{0'}(y) \\ k_y'(y) \end{bmatrix} = \begin{bmatrix} \int_h^{h'} E(y,z) \, dz + \int_b^{b'} E(y,z) \, dz & \int_h^{h'} E z(y,z) \, dz + \int_b^{b'} E(y,z) z \, dz \\ \int_h^{h'} E z(y,z) z \, dz + \int_b^{b'} E(y,z) z \, dz & \int_h^{h'} E z(y,z) z^2 \, dz + \int_b^{b'} E(y,z) z^2 \, dz \end{bmatrix}^{-1} \times$$

$$\begin{bmatrix} \int_h^{h'} E(y,z)\alpha(y,z)T(y,z) \, dz + \int_b^{b'} E(y,z)\alpha(y,z)T(y,z) \, dz - \int_{-c}^{h} Y(y,z) \, dz - \int_{h'}^{b'} Y(y,z) \, dz - \int_{b'}^{c} Y(y,z) \, dz \\ \int_h^{h'} E(y,z)\alpha(y,z)T(y,z) z \, dz + \int_b^{b'} E(y,z)\alpha(y,z)T(y,z) z \, dz - \int_{-c}^{h} Y(y,z) z \, dz - \int_{h'}^{b'} Y(y,z) z \, dz - \int_{b'}^{c} Y(y,z) z \, dz \end{bmatrix}$$

$$(5-12)$$

式中，$\varepsilon_y^{0'}(y)$ 为板材中层的塑性应变；$k_y'(y)$ 为中层的变形曲率。

2004 年管延锦根据板料激光弯曲成形的特点，通过确定横向收缩变形量和板料上下表面温度差得到了新的弯曲角的解析式为：

$$\alpha = \frac{4 A P \alpha_{\text{th}}}{\pi} \left(\frac{1}{\rho c v s_0^2} - \frac{1}{3kv} \right) - \frac{d\sigma_{\text{s}}}{s_0 E} \qquad (5-13)$$

2006 年，沈洪基于传统固体力学的平衡方程和相容性关系，同时考虑了板料激光成形中加热阶段的塑性变形和冷却过程的弹性变形，建立了板料成形弯曲角的解析式：

$$\alpha = \left[\frac{12\alpha_{th}PA}{\rho cvs_0^2} + \frac{12k\sigma_s}{E} \cdot \frac{r(s_0 - 2b)}{s_0(s_0 - b)} \right] \frac{s_0 b}{(s_0 - b)^2} \quad (5-14)$$

式中，b 为塑性变形区的深度。

由于激光热应力成形是一个热力学、塑性力学与金相学综合作用的复杂瞬间热物理过程，材料的热物性参数是温度的函数。板材被加热时形成的应力应变关系不仅是非线性的而且也是温度的函数，用解析方法求解板材的变形规律很困难。在理论分析时，采用了许多假设与简化处理，因此上述关于板材热应力成形解析式的精度都很有限，但仍然在某些求解域上，实现了对弯曲角的近似定量描述。

5.2　激光弯曲成形过程随机因素分析

激光加热与冷却过程各主要因素对板材变形的影响是激光热成形技术的研究要点之一，许多研究者通过实验与仿真做了很多卓有成效的研究工作。作为一个复杂的热力耦合过程，激光热成形的影响因素较多，主要包括光学参数、成形工艺参数、材料性能参数、板材几何参数以及板材夹持方式、冷却方式、板材初始形状和初始残余应力等其他影响因素，如图 5 - 1 所示。对于给定的金属板材、光学参数、冷却和夹持方式，板材的温度场和变形场主要与工艺参数有关。

激光热成形中，在激光功率不高的情况下，过高的扫描速度会使板材无法吸收足够的能量来形成板厚方向的温度梯度，因而不易使板材产生弯曲成形。在板材不熔化的情况下，扫描速度越小弯曲角越大。1994 年，F. Vollertsen 用钢板做实验，得出弯曲角 α 与 $v^{-0.63}$（v 为扫描速度）成正比；1997 年，J. Magee 采用铝板做实验，得出弯曲角 α 与 $v^{-0.54}$ 成正比。随着激光能量的增加，板材上表面的温度升高，同时板材厚向温度梯度增加，因而弯曲角增加。1997 年，T. Hennige 发现在一定范围内，弯曲角度 α 与激光功率呈线性关系。

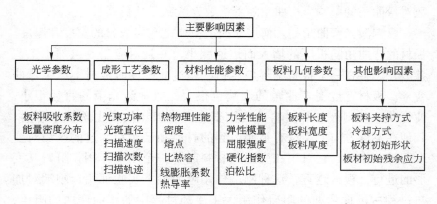

图 5-1 激光热成形的主要影响因素

这不仅是因为功率高能量输入多，还因为温度较高使得材料的流动应力下降，从而使得热变形增加。当沿同一扫描线对板材进行重复扫描时，扫描次数与弯曲角度呈近似的线性关系，而且第一次扫描板材产生的弯曲角最大。另外，K. C. Chan 通过对 Ti3Al 基合金进行研究发现，当线能量密度在 $1\sim5J/mm$ 时，线能量密度与弯曲角呈线性关系。管延锦用面能量密度 $\rho_e(\rho_e = P/(vd)$，P 为激光输出功率，d 为光斑直径，v 为扫描速度）来综合考察能量因素对弯曲角度的影响。增加面能量密度，板材的弯曲角显著增大，但当面能量密度超过某一数值时，弯曲角开始减小，这是由于板材表面材料过热发生轻微的表面熔化。

材料的热物性和力学性能对激光弯曲的影响较为复杂，目前尚无法对此进行定量分析。主要包括材料的线膨胀系数、比热容、热导率、屈服极限、弹性模量和硬化指数等因素。实验证明：材料的屈服强度越低，弹性模量越小，材料抵抗变形的能力越小，越容易获得大的弯曲角；线膨胀系数与弯曲角之间成正比关系；板材的弯曲角随密度、比热容的减小而增大，两者之间呈线性关系；热导率与板材弯曲角之间近似于对数关系，随着热导率的增大，板材的弯曲角迅速减小。另外，S. C. Wu 通过定义指数 $R(R = \alpha_{th}/(\rho c_p)$，其中 α_{th} 为线膨胀系数，ρ 为密度，c_p 为比热容）来研究材料的性能参数对弯曲角的影响，弯曲角随着指数 R 大致呈比例增长。

　　影响激光弯曲角的几何尺寸因素主要是金属板材的宽度和厚度。板材的弯曲角随板厚的增大而迅速减小，并且对应于一组加工工艺参数，总存在一个板材临界厚度值，超过此厚度时板材不产生弯曲变形。板材宽度对弯曲角的影响也很大，通常激光束的直径很小，使得同一时刻被加热材料的范围很小。当加热处产生塑性变形时，其他在宽度方向上还没有被照射到的材料和已经扫描过的区域对变形起抑制作用，它对正在变形的材料起了一个刚端作用，阻碍其变形的进行，板材越宽，这种刚端作用越明显。实验证明，刚端对加热过程中反向弯曲的阻碍作用大于冷却过程中的正向弯曲的阻碍，所以板材越宽，获得的弯曲角越大，但当板宽超过一定值时，其影响不再显著。

　　目前对激光的研究成果主要集中在直线弯曲，而对使用同样广泛的曲线弯曲还需进行大量的研究工作。由于板材曲线弯曲属于三维成形，其变形机制不同于直线弯曲。当激光沿曲线路径辐射板材时，由于瞬态的加热，在被辐射的表面和非辐射面之间将产生一个高的温度梯度，从而在板材内部产生热应力，导致材料局部发生塑性变形。冷却时，由于受热区的收缩，板材在刚性约束相对低的一边产生三维的曲面变形，而在另一边将不会伴随曲面变形，这一点不同于直线扫描时的两边对称变形。实验发现，曲线扫描时弯曲角随能量密度的增加而增加，但当能量密度超过某一值时，弯曲角随能量密度的增加反而减小，且第一次扫描后的扫描次数与弯曲角呈近似线性关系。另外，板材弯曲角随着扫描路径曲率的增大而减小，这主要是因为在曲线弯曲过程中，由温度梯度导致的内部热应力除部分转化为弯曲应力外，还有部分应力要转化为使板材产生曲面变形的内应力，且随着路径曲率的增大，热应力转化为弯曲应力的比例减小，导致了最终的弯曲角度减小，但曲面变形程度增大。

　　为了制定激光弯曲成形的工艺参数，季忠等将优化理论引入到激光热成形数值分析中，采用遗传算法结合动态显式有限元法，对板材激光弯曲成形工艺进行了优化设计。优化的工艺流程为：首先对粗加工优化得到的成形最大角度的工艺参数进行加工，直到总的成形角度与目标型面变形角度的差小于最后一次扫描的成形角度，然后进入精加工。精加工优化求解能够获得粗加工与目标型面变形角之差的工艺参数，以达到加工精度要求。另外，对于多次扫描提出了激光成形过程的逼近设计方法，该方法通过最少的扫描次数最精确地逼近弯曲角目标值。

在金属板材热应力成形过程中，其冷却方式主要有空气自然对流冷却、水强制冷却以及空气强制冷却。空气自然对流换热属平板外部自然对流换热问题，董大栓对上表面、侧面及下表面的空气自然对流换热系数 h_{top}、h_{side} 及 h_{bot} 分别按水平加热面向上的平板、垂直平板及水平加热面向下的平板的计算公式，计算出水火弯板时 h_{top}、h_{side} 及 h_{bot} 的值。激光热成形的水冷强制换热比较复杂，根据板表面的温度，可分为自然对流换热区、泡态沸腾对流换热区、转变沸腾换热区和膜态沸腾换热区，壁面温度在 200℃ 以上时的换热主要属于膜态沸腾换热。由于通常冷却水的流速不高，可近似采用大容器沸腾换热模型。钟国柱和黎明等在三种冷却方式下对试板加热过程中的温度、角变形及横向收缩变形进行了实验研究，分析了板料几何尺寸、预弯曲率、加热线长度、喷嘴型号、乙炔流量、加热速度、加热方向、冷却方式、水火距、重复加热次数等因素对变形的影响。

管延锦等提出了一种预约束应力作用下的激光弯曲成形新工艺，研究了不同的加载模型，通过施加预载荷，使板料加热区的材料产生期望的预应力分布。分析了在预载荷作用下板料的激光弯曲成形机理。研究表明，只要合理控制预载荷的方向和大小，就可控制激光弯曲成形的变形方向。板料弯曲角度随预载荷的增加而显著增大，两者呈指数关系。

国内外学者的卓越的研究工作并没有使激光成形技术在工业中得到实际广泛应用，重要原因之一是由实验得到的激光弯曲成形的工艺参数移植性很差，限制了其工程应用；而有关解析理论研究发现，由于影响激光弯曲成形的因素非常复杂，且材料的性能参数又与温度相关，所得到的解析式精度不高，适用范围受到限制。下面针对目前已有的板料激光弯曲成形的弯曲角解析式，分析在几何参数、材料热物性参数、激光加工参数存在随机变异时由解析式得到的弯曲角的变异性。

5.3 激光成形角度的解析模型计算精度比较

按照激光技术发展的历程，激光成形弯曲角的计算模型中较有影响力的五个公式为：

$$\alpha = \frac{180\sqrt{2}}{5\pi\sqrt{\pi}} \cdot \frac{AP}{\sqrt{rv}} \cdot \frac{\alpha_{th}\sqrt{a}}{ks_0}$$

$$\alpha = \frac{3\alpha_{th}PA}{\rho cvs_0^2} \qquad\qquad (5-15)$$

$$\alpha = \frac{3\alpha_{th}AP}{\rho cvs_0^2} \cdot \frac{7}{2} - 36 \cdot \frac{r}{s_0}\frac{\sigma_s}{E} \qquad (5-16)$$

$$\alpha = \frac{4AP\alpha_{th}}{\pi}\left(\frac{1}{\rho cvs_0^2} - \frac{1}{3kv}\right) - \frac{2r\sigma_s}{s_0 E} \qquad (5-17)$$

$$\alpha = \left[\frac{12\alpha_{th}PA}{\rho cvs_0^2} + \frac{12k\sigma_s}{E} \cdot \frac{r(s_0-2b)}{s_0(s_0-b)}\right]\frac{s_0 b}{(s_0-b)^2} \qquad (5-18)$$

本节选择式（5-15）～式（5-18）进行精度比较和变异性分析。

对不同板料进行了实验研究，实验用材料的常温性能指标如表5-1所示。

表 5-1　实验用材料的常温性能指标

材料	st12	X12CrNi188	AlMg3	CuZn37	Cu	Ti
密度 /$g \cdot cm^{-3}$	7.85	7.8	2.68	8.43	8.94	4.51
比热容 /$J \cdot (g \cdot K)^{-1}$	0.481	0.502	0.900	0.377	0.385	0.522
线膨胀系数 /K^{-1}	11.6×10^{-6}	17.3×10^{-6}	23.8×10^{-6}	20.6×10^{-6}	17.3×10^{-6}	8.41×10^{-6}

材料	st12	X12CrNi188	AlMg3	CuZn37	Cu	Ti
热导率 /W·(m·K)$^{-1}$	65.3	19	137	120	388	22
弹性模量 /GPa	215	202	68.2	105	115	104
屈服强度 /MPa	170	205	90	100	76	165

实验中均采用一组相同的成形工艺参数，工艺参数如下：

离焦量：100mm（光斑直径5.6mm）　　光束输出功率：820W

光束扫描速度：25mm/s　　　　板料尺寸：80mm×80mm×1mm

板料表面均用石墨进行黑化处理，根据板料表面的处理情况，计算时板料对激光的吸收系数取 $A = 0.5$。

表5 - 2 给出了用公式（5 - 15）~公式（5 - 18）计算弯曲角所得的结果与实验结果的比较。容易看出，计算结果与实验结果相差较大。相比之下，四个公式中，式（5 - 17）、式（5 - 18）的计算结果与实验结果要相近一些。

表5 - 2　各公式计算精度比较　　　　　（°）

材 料	实验结果	计 算 结 果			
		式（5 - 15）	式（5 - 16）	式（5 - 17）	式（5 - 18）
st12	2.3	8.660	25.74	3.351	4.176
X12CrNi188	3.9	12.45	37.73	4.597	2.735
AlMg3	7.3	27.82	89.73	11.31	14.30
CuZn37	5.82	18.27	58.45	7.381	9.128
Cu	3.25	14.17	45.77	5.784	17.06
Ti	2.87	10.07	26.08	3.612	3.361

5.4　弯曲角解析计算公式变异性分析

5.4.1　相对均差系数和变异系数

计算结果与实验结果相差较大，其原因之一是在理论分析时，采用了许多假设与简化处理，得到的板材热应力成形解析式的精度本身就不高，只是在某些求解域上，实现了对弯曲角度的近似定量描述。其次是激光成形过程是复杂的非线性过程，而且影响因素很多，材料参数及加工工艺参数的变化都会影响成形角度。引入相对均差系数、变异系数来讨论四个解析式中参数的变异性对弯曲角的变异的影响。

定义弯曲角相对均差系数 Δ_α 为：

$$\Delta_\alpha = \frac{E[\alpha] - m_\alpha}{m_\alpha} \times 100\% \qquad (5-19)$$

式中，$E[\alpha]$ 为弯曲角样本集合的数学期望；m_α 为均值系统的弯曲角值。相对均差系数 Δ_α 为无量纲量，反映了随机系统弯曲角均值与均值系统弯曲角的变异情况。

定义弯曲角变异系数 δ_α 为：

$$\delta_\alpha = \frac{\sigma[\alpha]}{E[\alpha]} \times 100\% \qquad (5-20)$$

式中，$\sigma[\alpha]$ 为弯曲角样本集合的标准差。变异系数 δ_α 为无量纲量，反映了弯曲角的动态变异幅度。

5.4.2　材料 st12 弯曲角计算变异性分析

考虑板材几何参数、材料参数、激光工艺参数按正态分布独立随机变化，采用 Monte – Carlo 方法，样本数 $n = 5000$。

计算表明，激光扫描速度变异系数 δ_v、板材厚度变异系数 δ_{s0}、材料密度变异系数 δ_ρ、材料弹性模量变异系数 δ_E、材料比热容变异系数 δ_c 对弯曲角相对均差系数 Δ_α 的影响较大。图 5 - 2 ~ 图 5 - 7 分别给出了弯曲角相对均差系数 Δ_α 与扫描速度变异系数 δ_v、板厚变异系数 δ_{s0}、材料密度变异系数 δ_ρ、材料弹性模量变异系数 δ_E、材料比热容变异系数 δ_c、材料热导率的变异系数 δ_k 之间的关系曲线。图中 1、2、3、4 分别表示按式 (5 - 15) ~ 式 (5 - 18) 计算得到的结果曲线。

从图中可以看出，除了板厚因素、材料弹性模量因素和材料热传导因素外，四个计算式中以公式 (5 - 18) 计算所得弯曲角变异性

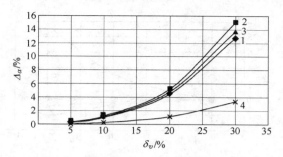

图 5 – 2 Δ_α 与 δ_v 的关系

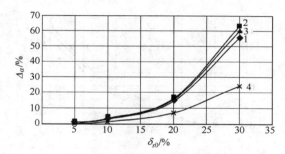

图 5 – 3 Δ_α 与 δ_{s0} 的关系

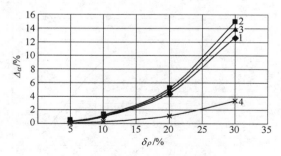

图 5 – 4 Δ_α 与 δ_ρ 的关系

最小；除了板厚因素外，其他因素存在 0 ~ 30% 变异系数的情况下，弯曲角相对均差系数均小于影响因素的变异系数；板厚变异系数大于 25% 的情况下，按式（5 – 15）~ 式（5 – 17）计算得到弯曲角相对均差系数明显大于影响因素的变异系数，此时采用均值系统模型

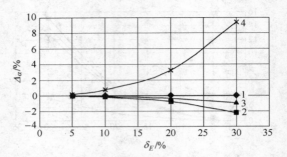

图 5-5　Δ_α 与 δ_E 的关系

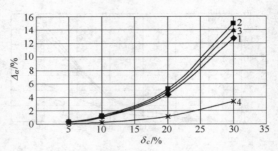

图 5-6　Δ_α 与 δ_c 的关系

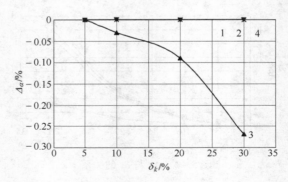

图 5-7　Δ_α 与 δ_k 的关系

计算结果误差很大。只有按式（5-18）计算的弯曲角变异系数在参数存在 0～30% 变异系数的范围内均小于影响因素的变异系数，从这个意义上讲，公（5-18）得到结果的稳定性较好。

图 5 – 8 ～ 图 5 – 18 分别给出了弯曲角变异系数 δ_α 与材料线膨胀系数的变异系数 $\delta_{\alpha th}$、扫描速度变异系数 δ_v、激光功率变异系数 δ_P、板厚变异系数 δ_{s0}、材料密度变异系数 δ_ρ、材料屈服强度变异系数 σ_s、材料弹性模量变异系数 δ_E、光斑直径变异系数 δ_D、塑性变形区深度变异系数 δ_b、材料比热容变异系数 δ_c、材料热导率变异系数 δ_k 之间的关系曲线。

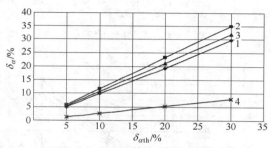

图 5 – 8　δ_α 与 $\delta_{\alpha th}$ 的关系

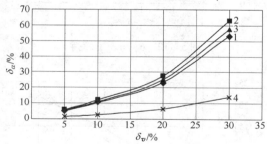

图 5 – 9　δ_α 与 δ_v 的关系

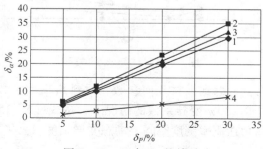

图 5 – 10　δ_α 与 δ_P 的关系

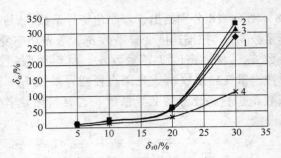

图 5 - 11 δ_α 与 δ_{s0} 的关系

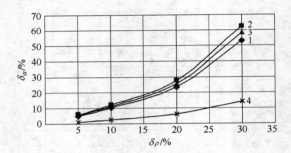

图 5 - 12 δ_α 与 δ_ρ 的关系

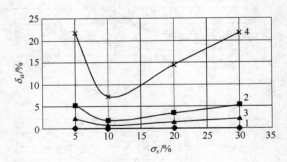

图 5 - 13 δ_α 与 σ_s 的关系

由图看出，考虑到板材几何参数、材料热物性参数、激光加工工艺参数存在 0 ~ 30% 变异系数的情况下，按式（5 - 15）~ 式（5 - 18）计算弯曲角在概率测度空间上动态变异幅度以公（5 - 18）计算结果较为稳定。

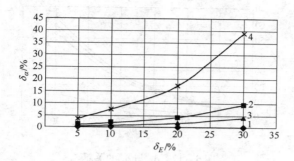

图 5 – 14 δ_α 与 δ_E 的关系

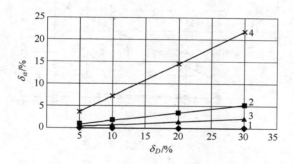

图 5 – 15 δ_α 与 δ_D 的关系

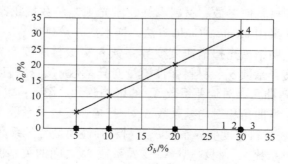

图 5 – 16 δ_α 与 δ_b 的关系

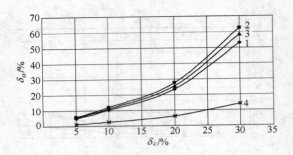

图 5 – 17　δ_α 与 δ_c 的关系

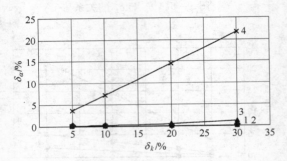

图 5 – 18　δ_α 与 δ_k 的关系

5.4.3　材料 X12CrNi188 弯曲角计算变异性分析

考虑板材几何参数、材料参数、激光工艺参数按正态分布独立随机变化，采用 Monte – Carlo 方法，样本数 $n = 5000$。

计算表明，激光扫描速度变异系数 δ_v、板材厚度变异系数 δ_{s0}、材料密度变异系数 δ_ρ、材料弹性模量变异系数 δ_E、材料比热容变异系数 δ_c 对弯曲角相对均差系数 Δ_α 的影响较大。图 5 – 19 ~ 图 5 – 24 分别给出了弯曲角相对均差系数 Δ_α 与扫描速度变异系数 δ_v、板厚变异系数 δ_{s0}、材料密度变异系数 δ_ρ、材料弹性模量变异系数 δ_E、材料比热容变异系数 δ_c、材料热导率变异系数 δ_k 之间的关系曲线。图中 1、2、3、4 分别表示按式（5 – 15）~ 式（5 – 18）计算得到的结果曲线。

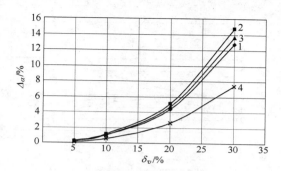

图 5 – 19 Δ_α 与 δ_v 的关系

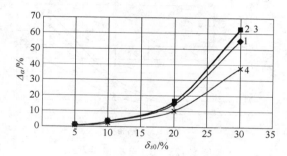

图 5 – 20 Δ_α 与 δ_{s0} 的关系

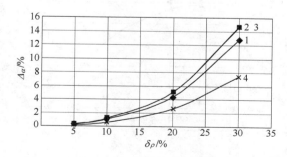

图 5 – 21 Δ_α 与 δ_ρ 的关系

图 5 – 25 ～ 图 5 – 35 分别给出了弯曲角变异系数 δ_α 与材料线膨胀系数的变异系数 $\delta_{\alpha\mathrm{th}}$、扫描速度变异系数 δ_v、激光功率变异系数 δ_P、板厚变异系数 δ_{s0}、材料密度变异系数 δ_ρ、材料屈服强度变异系

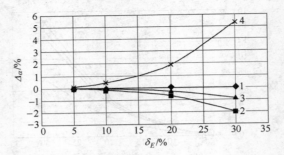

图 5 – 22　Δ_α 与 δ_E 的关系

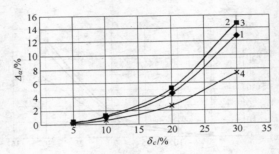

图 5 – 23　Δ_α 与 δ_c 的关系

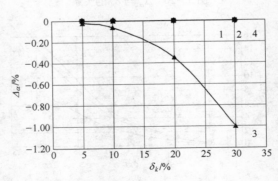

图 5 – 24　Δ_α 与 δ_k 的关系

数 σ_s、材料弹性模量变异系数 δ_E、光斑直径变异系数 δ_D、塑性变形区深度变异系数 δ_b、材料比热容变异系数 δ_c、材料热导率变异系数 δ_k 之间的关系曲线。

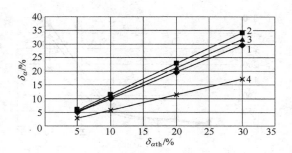

图 5 – 25 δ_α 与 $\delta_{\alpha th}$ 的关系

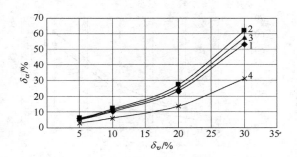

图 5 – 26 δ_α 与 δ_v 的关系

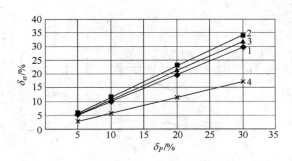

图 5 – 27 δ_α 与 δ_P 的关系

从图中容易看出，按式（5 – 15）～式（5 – 18）计算，在考虑板材几何参数、材料热物性参数、激光加工工艺参数存在 0～30% 变

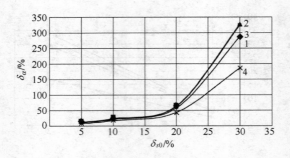

图 5 - 28　δ_α 与 δ_{s0} 的关系

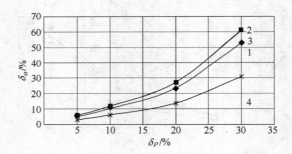

图 5 - 29　δ_α 与 δ_ρ 的关系

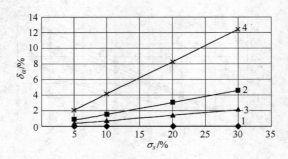

图 5 - 30　δ_α 与 σ_s 的关系

异系数的情况下，材料 X12CrNi188 的弯曲角随影响因素的变异规律与材料 st12 的相似，以式（5 - 18）的计算结果较为稳定。

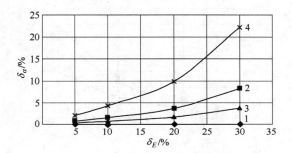

图 5-31 δ_α 与 δ_E 的关系

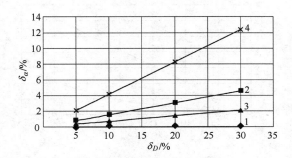

图 5-32 δ_α 与 δ_D 的关系

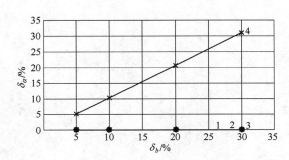

图 5-33 δ_α 与 δ_b 的关系

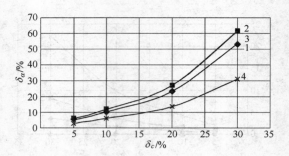

图 5 - 34　δ_α 与 δ_c 的关系

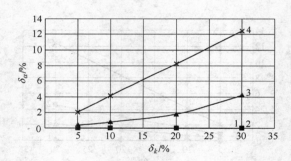

图 5 - 35　δ_α 与 δ_k 的关系

6　金属激光弯曲成形过程有限元模拟

6.1　热弹塑性基本理论

6.1.1　热弹塑性问题分析假定

在应用热弹塑性理论分析激光弯曲成形问题时，通常做如下假定：

（1）材料的屈服服从 Mises 屈服准则；

（2）材料在塑性区内的行为，服从流动法则，显示出应变强化；

（3）弹性应变、塑性应变和温度应变是可分的；

（4）与温度有关的材料的力学性能、应力应变在微小的时间增量内呈线性变化。

6.1.2　温度场分析的基本原理

为了确定板材激光加热弯曲角与激光成形参数之间的关系，首先建立了板材激光加热弯曲成形的三维模型，如图 6 - 1 所示。一般情况下，板材的三维瞬态热传导公式如下：

$$\frac{\partial}{\partial x}\left[k(T)\frac{\partial T}{\partial x}\right] + \frac{\partial}{\partial y}\left[k(T)\frac{\partial T}{\partial y}\right] + \frac{\partial}{\partial y}\left[k(T)\frac{\partial T}{\partial z}\right] = \rho c\frac{\partial T}{\partial z} \quad (6-1)$$

式中，k 为材料的热导率；ρ 为材料的密度；T 为材料的温度；c 为材料的比热容。

实际上，激光的能量分布可以用高斯函数来近似，如图 6 - 2 所示，激光束能量分布用下式近似：

$$q(x,y) = \frac{Q}{\pi r_1^2}\exp\left(-\frac{x^2+y^2}{r_1^2}\right) \quad (6-2)$$

式中，q 为激光束各点处的能量密度；Q 为激光的总能量；r_1 为激光束的半径。

将公式（6 - 2）用极坐标表示，如下式所示：

$$q(r,\theta) = \frac{Q}{\pi r_1^2}\exp\left(-\frac{r^2}{r_1^2}\right) \tag{6-3}$$

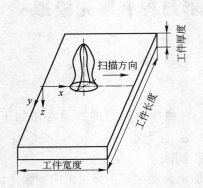

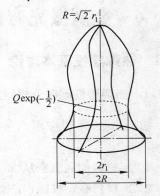

图 6-1 板材激光加热的三维模型 图 6-2 能量分布

由于激光照射在板材上，激光光斑的半径是如图 6-2 所示的 R，式（6-4）表示 r_1 与 R 的关系。设高斯分布为 $Q(r,\theta) = Q\exp(-r^2)$，则当 $r = r_1$ 时 $Q(r,\theta) = Q\exp\left(-\frac{1}{2}\right)$，当 $r = R$ 时 $Q(r,\theta) = Q$，解得：

$$R = \sqrt{2}r_1 \tag{6-4}$$

将式（6-4）代入式（6-3）可得：

$$q(r,\theta) = \frac{2Q}{\pi R^2}\exp\left(-\frac{2r^2}{R^2}\right) \tag{6-5}$$

式中，R 为激光束在板材上的光斑半径；r 为光斑中任意点到光斑中心的距离；Q 为激光的能量；q 为光斑上激光的能量密度。

由于激光照射在板材上，板材并不能够完全吸收激光的能量，所以需要对公式（6-5）进行修正。试验时，一般在板材被照射的表面涂上一层 SiO_2 来增加板材对激光能量的吸收率。根据表面的处理情况，来选择合适的表面吸收率 A。修正后的板材上激光的能量密度如下式所示：

$$q(r,\theta) = \frac{2AQ}{\pi R^2}\exp\left(-\frac{2r^2}{R^2}\right) \tag{6-6}$$

在板材激光加热弯曲成形数值模拟的研究过程中，所加载激光的能量密度往往不是按照高斯分布的形式来加载的，而是按照平均能量密度加载的。利用式（6-6）计算光斑的平均能量密度如下式所示：

$$\bar{q} = \frac{1}{\pi r_1^2} \int_0^R \frac{2rAQ}{\pi R^2} \exp\left(-\frac{2r^2}{R^2}\right) dr = \frac{1}{\pi R^2} \int_0^R \frac{2AQ}{\pi R^2} r \exp\left(-\frac{2r^2}{R^2}\right) dr = \frac{0.865AQ}{\pi R^2}$$

(6-7)

板材经激光束扫描后在空气中自然冷却，板材与周围环境存在着对流和辐射换热，此两类边界条件在传热学中称为第三类边界条件，可统一写成下式：

$$q = -\lambda \frac{\partial t}{\partial n} = a(t - t_\infty)$$ (6-8)

式中，a 为换热系数；t 为板材表面温度；t_∞ 为环境温度。

换热系数 a 可写成对流换热系数 h 与等效辐射换热系数 hr 之和。根据相关理论并结合实验现场条件，与环境的对流换热系数取为 $30W/(m^2 \cdot ℃)$。根据辐射定律，与环境之间的辐射换热系数转换成标准形式，可得等效辐射换热系数为：

$$hr = \sigma \varepsilon (t + t_\infty)(t^2 + t_\infty^2)$$ (6-9)

式中，σ 为玻耳兹曼常数 $5.67 \times 10^{-8} W/(m^2 \cdot ℃)$；$\varepsilon$ 为材料的热辐射率，取 $\varepsilon = 0.8$。

6.1.3 应力应变场分析模型

金属板材激光加热弯曲成形的机理非常复杂，为了简化计算，做如下假设：

（1）忽略板材的蠕变；

（2）忽略板材所受的重力；

（3）板材具有良好的弹塑性和各向同性，并且服从 Von Mises 屈服准则；

（4）板材在压缩方向的屈服应力和拉伸方向的屈服应力相同。

同时考虑温度对弹性模量、线膨胀系数和屈服应力的影响。激光束以恒定的速度，沿 x 轴移动，如图 6-3 所示。由于板材的温度和应力场关于 x 轴对称，所以分析温度、应力和应变的时候，研究一半板材就可以了。y 方向总的应变 ε_y 可以用热应变和外力引起的应变之和来估计。如果不考虑塑性变形，总的应变可以用下式来估计：

$$\varepsilon_y = \frac{\sigma_y(y,z)}{E(y,z)} + \alpha(y,z)T(y,z) \qquad (6-10)$$

式中，$E(y,z)$ 为弹性模量；$\alpha(y,z)$ 为线膨胀系数。

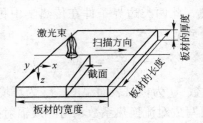

图 6-3　激光成形分析

截面内的应变量可以用下式表示：

$$\varepsilon_y(y,z) = \varepsilon_y^0(y) + zK_y(y) \qquad (6-11)$$

式中，$\varepsilon_y^0(y)$ 为中间面的应变；K_y 为板材的曲率。

将公式（6-11）代入公式（6-10），相应的热弹性应变可以用下式表示：

$$\sigma_y(y,z) = E(y,z)\left[\varepsilon_y^0(y) + zK_y(y) - \alpha(y,z)T(y,z)\right]$$

$$(6-12)$$

当不受外力，外力矩和外部应变时，横截面力和力矩等于零。建立平衡方程如下：

$$\sum F_y = 0, \int \sigma_y(y,z)\mathrm{d}z = 0 \qquad (6-13)$$

$$\sum M = 0, \int \sigma_y(y,z)\mathrm{d}z = 0 \qquad (6-14)$$

将公式（6-12）代入到公式（6-13）和式（6-14）中，得到的力和力矩的平衡方程如下：

$$\int_{-c}^{c} E(y,z)\varepsilon_y^0(y)\,\mathrm{d}z + \int_{-c}^{c} E(y,z)zK_y(y)\,\mathrm{d}z -$$

$$\int_{-c}^{c} E(y,z)\alpha(y,z)T(y,z)\,\mathrm{d}z = 0 \qquad (6-15)$$

$$\int_{-c}^{c} E(y,z)z\varepsilon_y^0(y)\,\mathrm{d}z + \int_{-c}^{c} E(y,z)z^2K_y(y)\,\mathrm{d}z -$$

$$\int_{-c}^{c} E(y,z)T(y,z)\,\mathrm{d}z = 0 \qquad (6-16)$$

公式（6-15）和式（6-16）写成矩阵的形式，如下式所示：

$$\begin{bmatrix} \int_{-c}^{c} E(y,z)\,\mathrm{d}z & \int_{-c}^{c} E(y,z)\,\mathrm{d}z \\ \int_{-c}^{c} E(y,z)\,\mathrm{d}z & \int_{-c}^{c} E(y,z)\,\mathrm{d}z \end{bmatrix} \begin{bmatrix} \varepsilon_y^0(y) \\ K_y(y) \end{bmatrix} = \begin{bmatrix} \int_{-c}^{c} E(y,z)\alpha(y,z)T(y,z)\,\mathrm{d}z \\ \int_{-c}^{c} E(y,z)\alpha(y,z)T(y,z)\,\mathrm{d}z \end{bmatrix}$$

$$(6-17)$$

中间面的应变 $\varepsilon_y^0(y)$ 和曲率 $K_y(y)$ 可以用下式来计算：

$$\begin{bmatrix} \varepsilon_y^0(y) \\ K_y(y) \end{bmatrix} = \begin{bmatrix} \int_{-c}^{c} E(y,z)\,\mathrm{d}z & \int_{-c}^{c} E(y,z)z\,\mathrm{d}z \\ \int_{-c}^{c} E(y,z)z\,\mathrm{d}z & \int_{-c}^{c} E(y,z)z^2\,\mathrm{d}z \end{bmatrix}^{-1} \begin{bmatrix} \int_{-c}^{c} E(y,z)\alpha(y,z)T(y,z)\,\mathrm{d}z \\ \int_{-c}^{c} E(y,z)\alpha(y,z)T(y,z)\,\mathrm{d}z \end{bmatrix}$$

$$(6-18)$$

将中间面的应变 $\varepsilon_y^0(y)$ 和曲率 $K_y(y)$ 代入公式（6-12），可以得到热弹性应变的估计值。

塑性应变的形成是由于热弹性应力超过材料的屈服极限。采用 Von Mises 屈服准则来预测塑性区的形状。板材的曲率与塑性区相关。通过下式来修正力和力矩的平衡方程：

$$
\left[\begin{array}{cc}
\int\limits_{h}^{h'}E(y,z)\,\mathrm{d}z+\int\limits_{b'}^{b}E(y,z)\,\mathrm{d}z & \int\limits_{h}^{h'}E(y,z)z\,\mathrm{d}z+\int\limits_{b'}^{b}E(y,z)z\,\mathrm{d}z \\
\int\limits_{h}^{h'}E(y,z)z\,\mathrm{d}z+\int\limits_{b'}^{b}E(y,z)z\,\mathrm{d}z & \int\limits_{h}^{h'}E(y,z)z^2\,\mathrm{d}z+\int\limits_{b'}^{b}E(y,z)z^2\,\mathrm{d}z
\end{array}\right]
\left[\begin{array}{c}\varepsilon_y^0(y)\\ K'_y(y)\end{array}\right]
$$

$$
=\left[\begin{array}{c}
\int\limits_{h}^{h'}E(y,z)\alpha(y,z)T(y,z)\,\mathrm{d}z+\int\limits_{b'}^{b}E(y,z)\alpha(y,z)T(y,z)\,\mathrm{d}z-\int\limits_{-c}^{h}Y(y,z)\,\mathrm{d}z-\int\limits_{h'}^{b'}Y(y,z)\,\mathrm{d}z-\int\limits_{b}^{c}Y(y,z)\,\mathrm{d}z \\
\int\limits_{h}^{h'}E(y,z)\alpha(y,z)T(y,z)z\,\mathrm{d}z+\int\limits_{b'}^{b}E(y,z)\alpha(y,z)T(y,z)z\,\mathrm{d}z-\int\limits_{-c}^{h}Y(y,z)\,\mathrm{d}z-\int\limits_{h'}^{b'}Y(y,z)\,\mathrm{d}z-\int\limits_{b}^{c}Y(y,z)\,\mathrm{d}z
\end{array}\right]
$$

$$(6-19)$$

式中，h，h'，b 和 b' 表示塑性区尺寸，如图 6-4 所示。

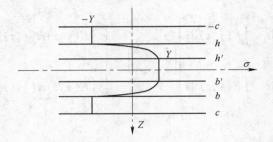

图 6-4　塑形区示意图

中间面的塑性应变 $\varepsilon_y^{0'}(y)$ 和塑性曲率 $K'_y(y)$ 可以通过下式求解：

$$
\left[\begin{array}{c}\varepsilon_y^{0'}(y)\\ K'_y(y)\end{array}\right]=
\left[\begin{array}{cc}
\int\limits_{h}^{h'}E(y,z)\,\mathrm{d}z+\int\limits_{b'}^{b}E(y,z)\,\mathrm{d}z & \int\limits_{h}^{h'}E(y,z)z\,\mathrm{d}z+\int\limits_{b'}^{b}E(y,z)z\,\mathrm{d}z \\
\int\limits_{h}^{h'}E(y,z)z\,\mathrm{d}z+\int\limits_{b'}^{b}E(y,z)z\,\mathrm{d}z & \int\limits_{h}^{h'}E(y,z)z^2\,\mathrm{d}z+\int\limits_{b'}^{b}E(y,z)z^2\,\mathrm{d}z
\end{array}\right]^{-1}\times
$$

$$
\left[\begin{array}{c}
\int\limits_{h}^{h'}E(y,z)\alpha(y,z)T(y,z)\,\mathrm{d}z+\int\limits_{b'}^{b}E(y,z)\alpha(y,z)T(y,z)\,\mathrm{d}z-\int\limits_{-c}^{h}Y(y,z)\,\mathrm{d}z-\int\limits_{h'}^{b'}Y(y,z)\,\mathrm{d}z-\int\limits_{b}^{c}Y(y,z)\,\mathrm{d}z \\
\int\limits_{h}^{h'}E(y,z)\alpha(y,z)T(y,z)z\,\mathrm{d}z+\int\limits_{b'}^{b}E(y,z)\alpha(y,z)T(y,z)z\,\mathrm{d}z-\int\limits_{-c}^{h}Y(y,z)\,\mathrm{d}z-\int\limits_{h'}^{b'}Y(y,z)\,\mathrm{d}z-\int\limits_{b}^{c}Y(y,z)\,\mathrm{d}z
\end{array}\right]
$$

$$(6-20)$$

加热过程中的弯曲角可以用下式求解：

$$\alpha_B = 2 \int K'_y \mathrm{d}y \qquad (6-21)$$

用相似的方法来计算冷却过程中的弯曲角。板材激光加热弯曲成形的弯曲角度等于加热和冷却阶段弯曲角之和。

6.2　金属激光弯曲成形温度场分析

6.2.1　单次扫描激光弯曲成形温度场分析

图 6-5 和图 6-6 为选择表 6-1 的参数进行单次激光弯曲成形数值模拟得到的结果。

表 6-1　单次激光扫描数值模拟参数表

板材尺寸 /mm × mm × mm	激光功率 /W	扫描速度 /mm · s^{-1}	光斑直径 /mm	预热温度 /℃
100 × 30 × 3	650	2	1	20

图 6-5a ~ d 为不同时刻即光斑在不同位置时金属板的温度场等值云图。

由图 6-5 中可以看出，温度峰值始终出现在光斑中心附近区域，随光斑扫描移动，但稍滞后于光斑中心。另外可以看出，金属板表面加热区与非加热区存在强烈的温度梯度，且在已扫描过区域温度梯度较小，从而形成温度场的尾端为一"长尾"的温度分布现象，这是由于受激光扫描热积累的影响，在已扫描过区域，温度变化小。还可以看到，整个扫描过程中，温度峰值随时间不断增大，这也是热积累的结果。

图 6-6a 是金属板某一位置（$x = 0.051$，$y = 0.015$），沿厚度方向（$z = -2\text{mm}$，-1mm，0mm，1mm）四个节点温度随时间变化的曲线；图 6-6b 为在 0 ~ 15s 时间内，温度随时间变化的局部曲线；图 6-6c 和图 6-6d 是时间分别为 8.5s 和 13.5s 时，节点温度随 Z 方向（厚度方向）坐标变化的曲线。

从图 6-6a、b 中可以看出，当激光光斑移动到该位置时（时间

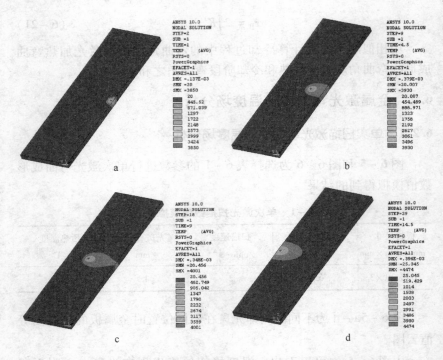

图 6-5　单次扫描不同时刻金属板的温度场等值云图

a—$t = 1$s；b—$t = 4.5$s；c—$t = 9$s；d—$t = 14.5$s

8.5s），上表面温度在极短的时间内急剧上升，达到 1261℃，随着光斑的移开，温度迅速下降；下表面由于没有受到直接照射，其温升仅仅取决于材料的性能参数与传热时间的长短等，温度变化幅度相对较小，只有 892℃，上下表面温差达到 369℃，使金属板在厚度方向产生了很大的温度梯度，平均温度梯度值接近 1.2×10^5℃/m。

　　同时，从图 6-6c、d 可以看出，在该点温度上升阶段，温度随着 Z 方向坐标的增大而升高，表现为上表面温度要高于下表面温度；在温度下降阶段，温度随着 Z 方向坐标的增大而降低，表现为上表面温度要略低于下表面温度。这是由于在温度上升阶段，激光束照射到金属板上表面，而下表面没有受到激光直接照射，所以上表面温度高；当光斑离开上表面该点时，虽然上表面的温度已开始降低，

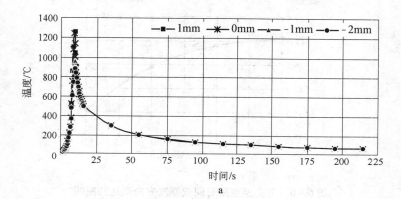

a

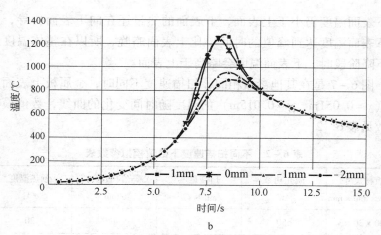

b

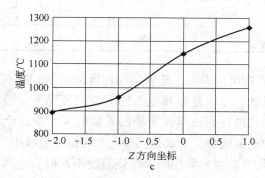

c

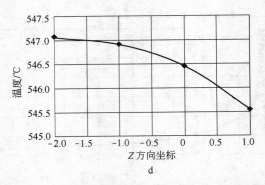

图 6 - 6　节点温度随时间或厚度方向变化的曲线

但下表面温度仍小于上表面，上表面的热量还在向下表面传导，所以下表面温度达到峰值的时间要比上表面略晚，所以在整体温度进入下降阶段时，下表面温度会略高于上表面。

图 6 - 7 是在其他参数相同，扫描速度不同时，金属板上表面一点（$x = 0.051\text{m}$，$y = 0.015\text{m}$）的温度随时间变化的曲线，数值模拟参数见表 6 - 2。

表 6 - 2　不同扫描速度下数值模拟参数表

板材尺寸 /mm × mm × mm	激光功率 /W	扫描速度 /mm·s⁻¹	光斑直径 /mm	预热温度 /℃
100 × 30 × 3	650	2	1	20
100 × 30 × 3	650	3	1	20
100 × 30 × 3	650	5	1	20

从图 6 - 7 中可以看出，随着扫描速度的增加，各相近时刻该点处温度逐渐降低，原因是在其他条件不变的情况下，随着扫描速度的增加，激光光斑在表面单位面积的停留时间减少，金属板在单位时间内获取的能量减少，造成金属板上表面温度值减小。

图 6 - 8 是在其他参数相同，预热温度不同时，金属板上表面一点（$x = 0.051\text{m}$，$y = 0.015\text{m}$）的温度随时间变化的曲线，图 6 - 9

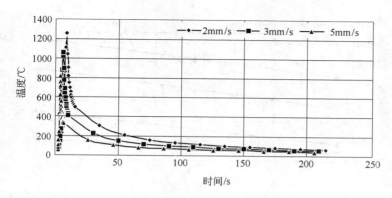

图 6-7 不同扫描速度下温度随时间变化的曲线

为不同时刻上表面节点温度随预热温度变化的曲线,数值模拟参数见表 6-3。

表 6-3 不同预热温度下数值模拟参数表

板材尺寸 /mm × mm × mm	激光功率 /W	扫描速度 /mm·s⁻¹	光斑直径 /mm	预热温度 /℃
100 × 30 × 3	650	2	1	20
100 × 30 × 3	650	2	1	200
100 × 30 × 3	650	2	1	400

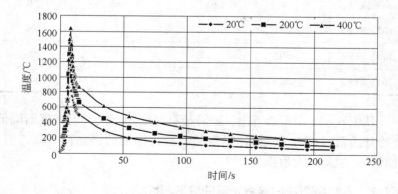

图 6-8 在不同预热温度下上表面温度随时间变化的曲线

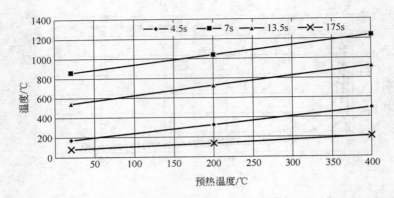

图 6 - 9　不同时刻预热温度对节点温度的影响

由图 6 - 9 中可以看出，随着预热温度的增加，上表面节点温度逐渐增大。

图 6 - 10 是在其他参数相同，板材厚度不同时，金属板上表面一点（$x = 0.051\text{m}$，$y = 0.015\text{m}$）的温度随时间变化的曲线，图 6 - 11 为不同时刻上表面节点温度随板材厚度变化的曲线，数值模拟参数见表 6 - 4。

表 6 - 4　不同板材厚度下数值模拟参数表

板材尺寸 /mm × mm × mm	激光功率 /W	扫描速度 /mm · s⁻¹	光斑直径 /mm	预热温度 /℃
$100 \times 30 \times 3$	650	2	1	200
$100 \times 30 \times 4$	650	2	1	200
$100 \times 30 \times 5$	650	2	1	200

从图 6 - 11 中可以看出，随着板材厚度的增大，温度逐渐降低；在冷却阶段（100s 以后），温度随着板材厚度的增加而升高，但变化较小，温差最大值仅为 30℃。

6.2.2　同路径两次扫描激光弯曲成形温度场分析

选择相同路径，对金属板进行两次激光弯曲扫描，所采用参数

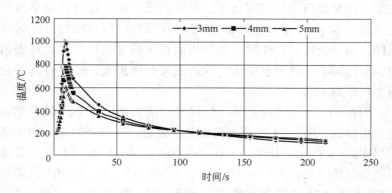

图 6 - 10 不同时刻上表面节点温度随时间变化的曲线

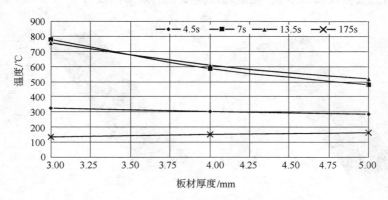

图 6 - 11 不同时刻板材厚度对节点温度的影响

见表 6 - 5。

表 6 - 5 同路径两次激光扫描数值模拟参数表

板材尺寸 /mm × mm × mm	激光功率 /W	扫描速度 /mm · s⁻¹	光斑直径 /mm	预热温度 /℃
100 × 30 × 3	650	2	1	20

图 6 - 12a ~ h 绘出了金属板用激光扫描两次，不同时刻即光斑在不同位置时，金属板的温度场分布情况。其中，图 6 - 12a ~ d 是

完成一次激光扫描的温度云图，可以看出，在此部分，与单次扫描的结果基本一致；图 6 - 12e ~ h 是进行第二次扫描后的温度场分布云图，由于金属板在经过一次扫描后整体温度有所升高，再次扫描时，温度影响区域明显增大，即高温区有所扩大，这将有助于金属板二次弯曲成形。

图 6 - 13 为金属板上某一位置沿厚度方向四个节点温度随时间变化的曲线。图 6 - 13a 是金属板某一位置（$x = 0.051$，$y = 0.015$），沿厚度方向（$z = -2mm$，$-1mm$，$0mm$，$1mm$）的四个节点温度随时间变化的曲线；图 6 - 13b 为在 0 ~ 15s 时间内（第一次扫描高温区），温度随时间变化的曲线，图 6 - 13c 为在 216 ~ 230s 时间内（第二次扫描高温区），温度随时间变化的局部曲线。

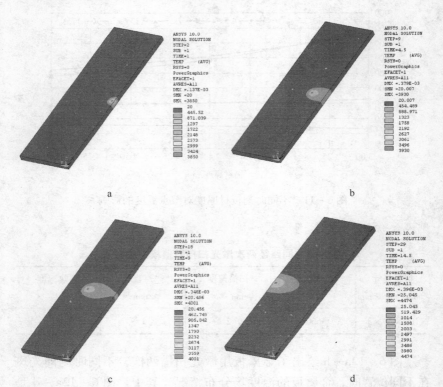

a

b

c

d

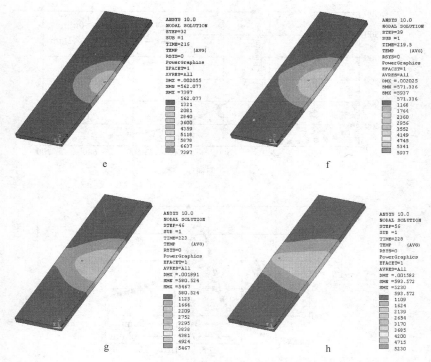

图 6-12 同路径两次扫描不同时刻金属板的温度场等值云图

a—$t = 1$s；b—$t = 4.5$s；c—$t = 9$s；d—$t = 14.5$s；

e—$t = 216$s；f—$t = 219.5$s；g—$t = 223$s；h—$t = 228$s

由图 6-13 可以看出，两次扫描温度呈现周期性变化，且上表面温度上升和下降的速度均比下表面快得多。可以看出，第二次扫描产生的各点温度比第一次扫描的各点温度高。这是由于金属板在经过一次扫描且冷却后，温度比未扫描时有所升高，当再次进行激光扫描时，在吸收相同能量的条件下，温度最大值将变大，而下表面没有受到直接照射，温度变化幅度相对较小。

图 6-14 是在其他参数相同，扫描速度不同时，金属板上表面一点（$x = 0.051$m，$y = 0.015$m）的温度随时间变化的曲线，数值模拟参数见表 6-6。

从图 6-14 中可以看出，随着扫描速度的增加，各相近时刻该点

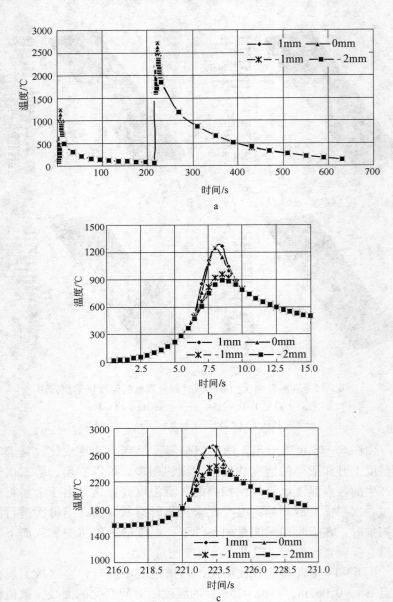

图 6-13　金属板上某一位置沿厚度方向四个节点温度随时间变化的曲线

处温度逐渐降低，原因是在其他条件不变的情况下，随着扫描速度的增加，激光光斑在表面单位面积的停留时间减少，金属板在单位时间内获取的能量减少，造成金属板上表面温度值减小。

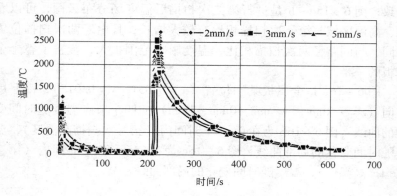

图 6-14 不同扫描速度下温度随时间变化的曲线

表 6-6 同路径不同扫描速度下两次激光扫描数值模拟参数表

板材尺寸 /mm × mm × mm	激光功率 /W	扫描速度 /mm · s^{-1}	光斑直径 /mm	预热温度 /℃
100 × 30 × 3	650	2	1	20
100 × 30 × 3	650	3	1	20
100 × 30 × 3	650	5	1	20

6.2.3 不同路径两次扫描激光弯曲成形温度场分析

选择不同路径，对金属板进行两次激光弯曲扫描，所采用参数见表 6-7。

表 6-7 不同路径两次激光扫描数值模拟参数表

板材尺寸 /mm × mm × mm	激光功率 /W	扫描速度 /mm · s^{-1}	光斑直径 /mm	预热温度 /℃
100 × 30 × 3	650	2	1	20

　　图 6 - 15a ~ h 为金属板用激光扫描两次，不同时刻即光斑在不同位置时，金属板温度场随时间变化的云图。其中，图 6 - 15a ~ d 是完成一次激光扫描的温度云图，可以看出，与单次扫描结果基本一致；图 6 - 15e ~ h 是进行第二次扫描后温度场分布云图，可以看到，高温区域与第一次扫描相比有较大增长；且由于两次扫描位置不同，与同路径两次扫描相比，温度影响范围扩大，覆盖了整个金属板的一半。

　　图 6 - 16a 是金属板某一位置 ($x = 0.051$, $y = 0.015$)，沿厚度方向 ($z = -2mm$, $-1mm$, $0mm$, $1mm$) 的四个节点温度随时间变化的曲线；图 6 - 16b 为在 $0 ~ 15s$ 时间内（第一次扫描高温区），温度随时间变化的局部曲线，图 6 - 16c 为在 $216 ~ 230s$ 时间内（第二次扫描高温区），温度随时间变化的局部曲线。

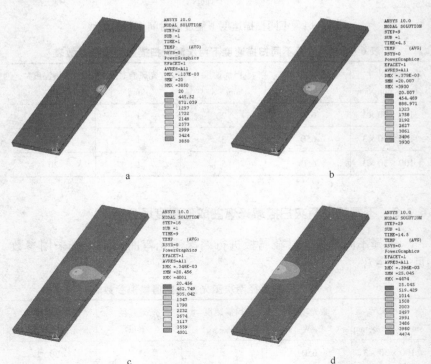

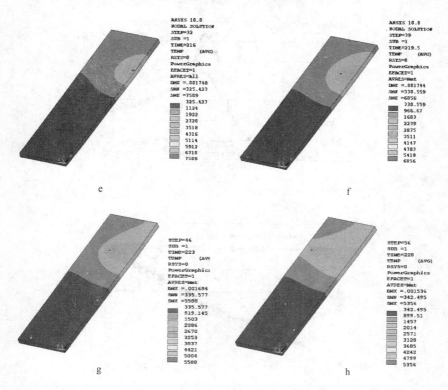

图 6-15   不同路径两次扫描不同时刻金属板的温度场等值云图

a—$t = 1s$；b—$t = 4.5s$；c—$t = 9s$；d—$t = 14.5s$；

e—$t = 216s$；f—$t = 219.5s$；g—$t = 223s$；h—$t = 228s$

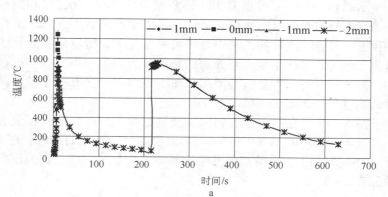

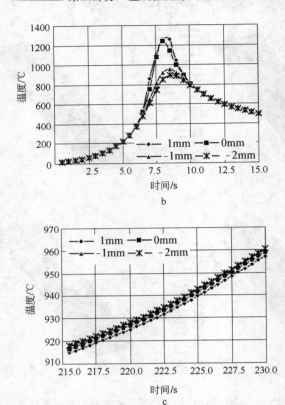

图 6-16　金属板上某一位置沿厚度方向四个节点温度随时间变化的曲线

从图 6-16a ~ c 可以看出，该节点温度在第一次扫描时较高，在第二次扫描时，温度比第一次低；且由于该节点不在第二次扫描路径上，与各时刻移动光斑中心距离基本相等，所以温度变化主要取决于热传导而不是节点与光斑的距离，表现为在第二次扫描过程中，温度随时间基本呈线性增加，而不是像第一次有一个先升高又降低的过程，如图 6-16b、c 所示。

图 6-17 是在其他参数相同，预热温度不同时，金属板上表面一点（$x = 0.051\text{m}$，$y = 0.015\text{m}$）的温度随时间变化的曲线，图 6-18 为不同时刻上表面节点温度随预热温度变化的曲线，数值模拟参数见表 6-8。

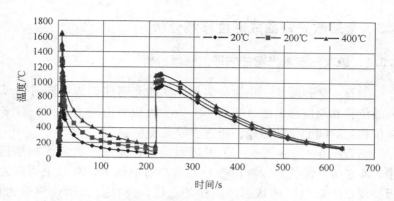

图 6 – 17 在不同预热温度下上表面温度随时间变化的曲线

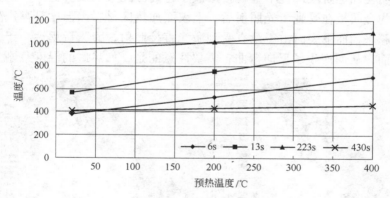

图 6 – 18 不同时刻预热温度对节点温度的影响

表 6 – 8 不同路径不同预热温度下两次激光扫描数值模拟参数表

板材尺寸 /mm × mm × mm	激光功率 /W	扫描速度 /mm·s^{-1}	光斑直径 /mm	预热温度 /℃
100 × 30 × 3	650	2	1	20
100 × 30 × 3	650	2	1	200
100 × 30 × 3	650	2	1	400

由图 6 – 18 中可以看出，随着预热温度的增加，上表面节点温度逐渐增大。

6.3   金属激光弯曲成形位移场分析

6.3.1   单次扫描激光弯曲成形位移场分析

图 6 - 19 和图 6 - 20 为金属板单次激光弯曲扫描不同时刻 Z 方向的位移和总位移云图，图 6 - 21 为金属板自由端上表面一点 Z 方向位移随时间变化的曲线，所选参数见表 6 - 1。

结合图 6 - 19 ~ 图 6 - 21 可以看出，在完成一次激光扫描过程中，Z 方向位移最大区域在激光光斑照射范围内，在该范围内金属板呈现出"鼓包"的状态，位移是正值，而在自由端位移值为负，说明在加热阶段，整个金属板形成了背向激光束的反向弯曲。这是因为金属板在受到激光照射后，上表面加热区材料因温度升高产生热膨胀，而下表面由于没有受到激光直接照射，膨胀量远远小于上表面，从而产生了反向弯曲；需要注意的是，加热区的温度急剧上

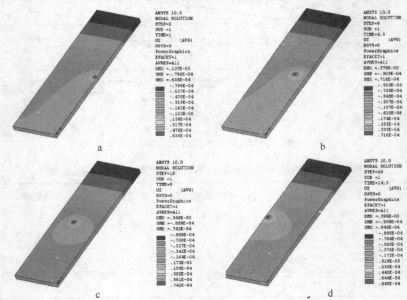

图 6 - 19   单次扫描不同时刻 Z 方向位移场等值云图

a—$t = 1$s；b—$t = 4.5$s；c—$t = 9$s；d—$t = 14.5$s

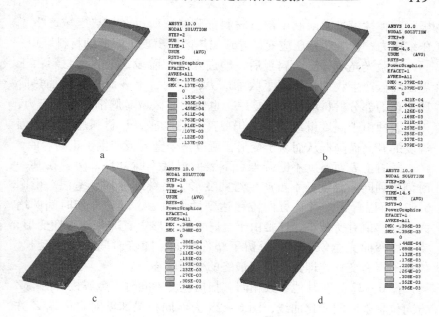

图 6 - 20　单次扫描不同时刻总位移场等值云图

a—$t = 1$ s；b—$t = 4.5$ s；c—$t = 9$ s；d—$t = 14.5$ s

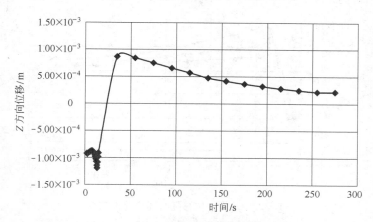

图 6 - 21　Z 方向位移随时间变化的曲线

升，使该区域材料的屈服强度下降，容易产生塑性变形，由于加热区有热膨胀，而其周围材料的温度与之相比较低，仍保持高的屈服极限和弹性模量，限制了部分材料的膨胀，所以对加热区域产生了压缩应力，产生塑性压应变，导致加热区域出现了部分的材料堆积。

当激光光斑移出金属板后，即进入冷却阶段，上表面材料由于温度降低产生收缩，出现了收缩应力；同时，上表面材料在加热阶段出现的部分材料堆积不能复原，也使扫描区域对周围产生拉应力，而下表面由于温度继续升高，仍要产生热膨胀，且材料屈服应力因温度的升高而降低从而易于变形，所以整个金属板产生了正向弯曲。

随着上表面温度不断降低，下表面温度不断升高，两者在某一时刻达到同一温度，不再产生弯曲变形，将继续冷却至室温。由图6 - 21可以看到，当 Z 方向位移达到最大值后，随着冷却时间的增大，位移值有所减小，这是由于金属板在变形中有部分的弹性变形，当弹性弯曲完全恢复时，只留下塑性弯曲，随着时间的继续延长，位移不再有变化，即为金属板最终的变形位移。

图6 - 22是在其他参数相同，扫描速度不同时，金属板自由端 Z 方向位移随时间变化曲线，图6 - 23为不同扫描速度对自由端 Z 方向位移的影响，数值模拟参数见表6 - 2。

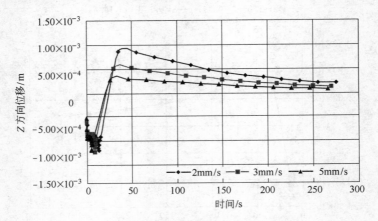

图6 - 22　Z 方向位移随时间变化的曲线

从图6 - 22和图6 - 23中可以看出，随着激光扫描速度的增加，相近时刻板材的 Z 方向位移的变化趋势总体上讲是降低的，这是因为随着扫描速度的增加，激光作用在材料上的时间减少，即随着激光吸收能量的降低，Z方向位移减小。

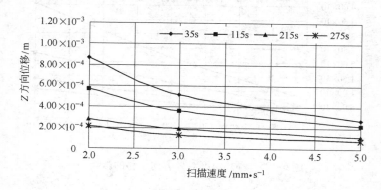

图 6-23 扫描速度对 Z 方向位移的影响

图 6-24 是在其他参数相同，预热温度不同时，金属板自由端一点 Z 方向位移随时间变化的曲线，图 6-25 为不同预热温度对 Z 方向位移的影响，数值模拟参数见表 6-3。

从图 6-24 和图 6-25 可以看出，随着预热温度的增加，Z 方向位移是逐渐增大的。

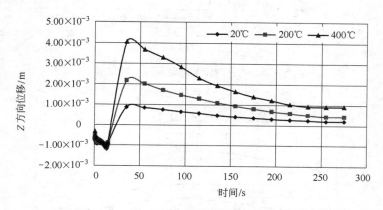

图 6-24 Z 方向位移随时间变化的曲线

图 6-26 是在其他参数相同，板材厚度不同时，金属板自由端 Z 方向位移随时间变化的曲线，图 6-27 为不同板材厚度对 Z 方向位移的影响，数值模拟参数见表 6-4。

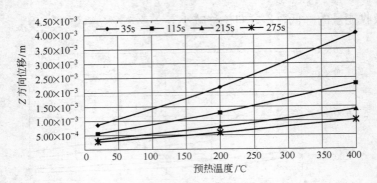

图 6 - 25 预热温度对 Z 方向位移的影响

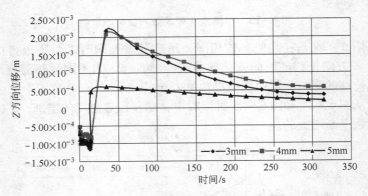

图 6 - 26 Z 方向位移随时间变化的曲线

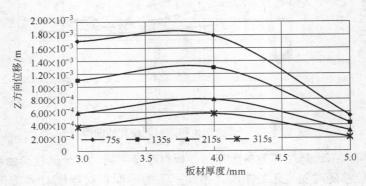

图 6 - 27 板材厚度对 Z 方向位移的影响

由图 6 - 26 和图 6 - 27 可以看出，随着板材厚度的增加，金属板 Z 方向位移先增大后减小，说明对于一定几何尺寸的板材，在激光弯曲成形过程中存在最佳的工艺参数，使其产生最大的弯曲角。

6.3.2 同路径两次扫描激光弯曲成形位移场分析

选择相同路径，对金属板进行两次激光弯曲扫描，所采用参数见表 6 - 5。图 6 - 28a ~ h 为不同时刻即光斑在不同位置时金属板 Z 方向位移场的等值云图，图 6 - 29 为金属板自由端上表面一点 Z 方向位移随时间变化的曲线。

从图 6 - 28a ~ h 可以看出，扫描过程中，Z 方向位移最大值始终出现在激光光斑照射处，对比两次扫描，发现自由端位移值在扫描过程中均为负值，但第二次扫描后的 Z 向位移比第一次小，说明二次扫描的反向弯曲较小。

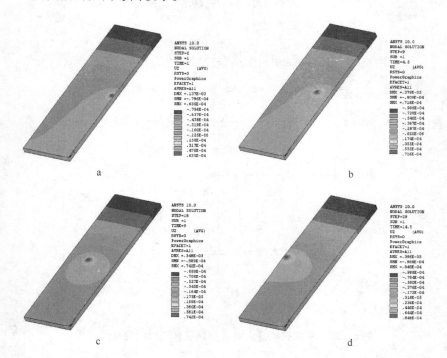

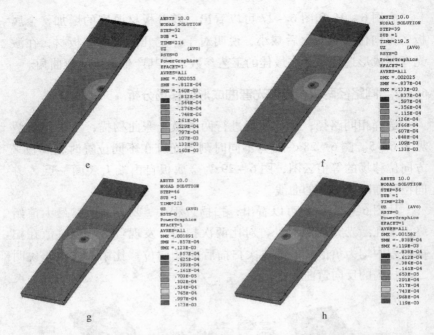

图 6 - 28　同路径两次扫描不同时刻 Z 方向位移场的等值云图
a—$t = 1$s；b—$t = 4.5$s；c—$t = 9$s；d—$t = 14.5$s；
e—$t = 216$s；f—$t = 219.5$s；g—$t = 223$s；h—$t = 228$s

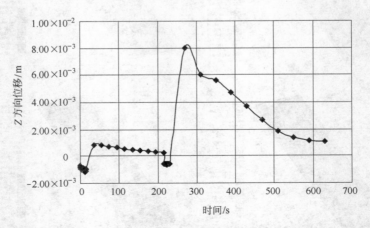

图 6 - 29　两次扫描自由端 Z 方向位移随时间变化的曲线

图 6 - 29 是金属板自由端某一节点 Z 方向位移随时间变化的曲线。从图中可以发现，两次扫描弯曲成形过程类似，每次扫描开始时，金属板都有背向激光束的反向弯曲，但第二次的反向弯曲量小于第一次；随着激光光斑移出金属板，开始产生正向弯曲，直到冷却足够时间后，最终形成一定角度的正向弯曲，第二次扫描形成的弯曲量明显大于第一次扫描，最终弯曲变形量随扫描次数的增加而增大。

图 6 - 30 是在其他参数相同，扫描速度不同时，金属板自由端一点 Z 方向位移随时间变化的曲线，图 6 - 31 为不同扫描速度对 Z 方向位移的影响，数值模拟参数见表 6 - 6。

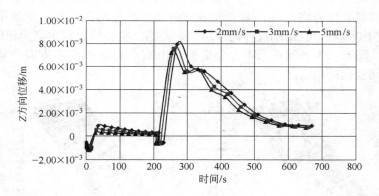

图 6 - 30　不同扫描速度两次扫描自由端 Z 方向位移随时间变化的曲线

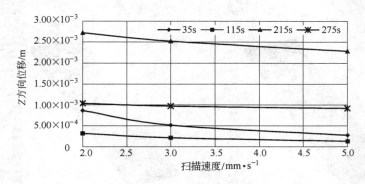

图 6 - 31　扫描速度对自由端 Z 方向位移的影响

　　由图 6 – 30 和图 6 – 31 可以看出，随着扫描速度的增大，自由端一节点 Z 方向位移逐渐减小。这是因为，扫描速度越大，在相同板材宽度条件下，激光光斑停留在金属板上的时间越短，金属板吸收的能量越少，所以最终的位移越小。

6.3.3　不同路径两次扫描激光弯曲成形位移场分析

　　选择不同路径，对金属板进行两次激光弯曲扫描，所采用参数见表 6 – 7。

　　图 6 – 32a ~ h 是不同路径对金属板进行两次激光扫描弯曲成形，Z 方向位移场随时间变化的云图。可以看出，扫描过程中，Z 方向位移最大值始终出现在激光光斑照射处，对比两次扫描，发现第一次扫描过程中自由端位移值为负值，而第二次扫描过程中则为正值。

　　图 6 – 33 和图 6 – 34 为金属板自由端上表面一点 Z 方向位移随时间变化的曲线。

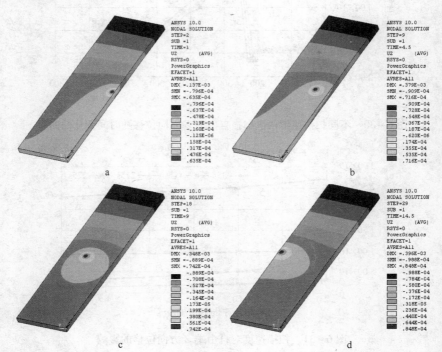

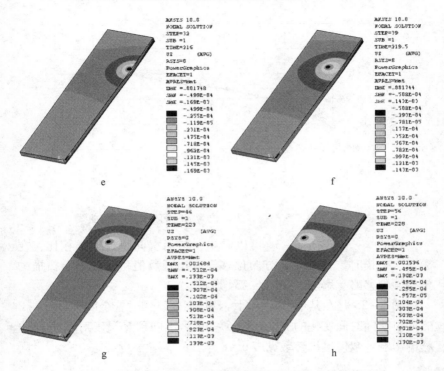

图 6 - 32　不同路径两次扫描不同时刻 Z 方向位移场等值云图

a—t = 1s；b—t = 4.5s；c—t = 9s；d—t = 14.5s；
e—t = 216s；f—t = 219.5s；g—t = 223s；h—t = 228s

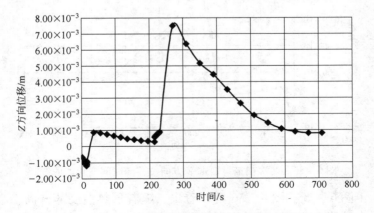

图 6 - 33　两次扫描自由端 Z 方向位移随时间变化的曲线

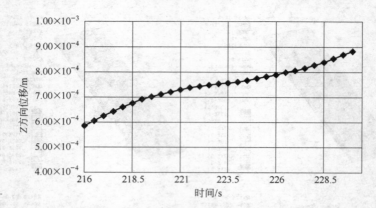

图 6-34　第二次扫描 Z 方向位移随时间变化的局部曲线

由图 6-33 和图 6-34 可以看出，与两次同路径扫描相比，在第二次扫描时，自由端 Z 方向位移没有出现负值，而且随着扫描的进行，位移略有增加，如图 6-34 所示。

图 6-35 是在其他参数相同，预热温度不同时，金属板自由端 Z 方向位移随时间变化的曲线，图 6-36 为不同预热温度对 Z 方向位移的影响，数值模拟参数见表 6-8。

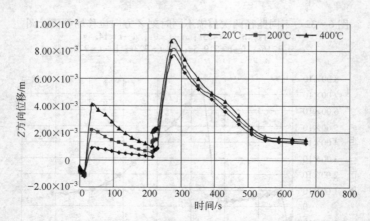

图 6-35　两次扫描自由端 Z 方向位移随时间变化的曲线

由图 6-35 和图 6-36 可以看出，随着预热温度的升高，金属板自由端节点 Z 方向位移逐渐增大。

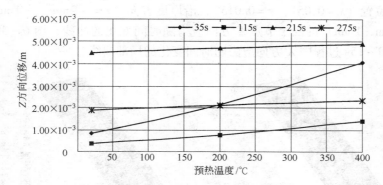

图 6 - 36　预热温度对自由端 Z 方向位移的影响

6.4　金属激光弯曲成形应力场分析

6.4.1　单次扫描激光弯曲成形应力场分析

选择表 6 - 1 中的参数作为单次扫描激光弯曲成形的模拟参数，进行单次扫描激光弯曲成形应力场分析。图 6 - 37 是扫描过程中不同时刻的等效应力分布云图；图 6 - 38a 为金属板某一位置（$x = 0.051$，$y = 0.015$），沿厚度方向（$z = -2mm$，$-1mm$，$0mm$，$1mm$）四个节点的等效应力随时间变化的曲线，图 6 - 38b 为 0 ~ 15s 过程中等效应力随时间变化的局部曲线。

从图 6 - 38 中可以看到，在激光扫描过程中，应力场形态是相当复杂的，光斑照射区域承受的应力最大，即等效应力的最大值始终随着激光光斑移动，远离热影响区域的应力较小。其原因是在加热阶段初期光斑区域的温度最高，引起该处材料体积膨胀，产生较大应力。

从图 6 - 38a、b 可以看到，当激光光斑向所选取节点的位置移动时，等效应力逐渐增大；当光斑到达该位置时（$t = 7.5s$），等效应力值达到最大；随着光斑远离该位置，等效应力逐渐减小；同时从图 6 - 38b 中可以看出，该位置从上表面到下表面四个节点（Z 坐标值：1 ~ 2mm）的应力依次减小。

选取金属板各点 X 方向应力，进行分析。图 6 - 39a 为金属板某一位置（$x = 0.051$，$y = 0.015$），沿厚度方向（$z = -2\text{mm}$，-1mm，0mm，1mm）的四个节点 X 方向应力随时间变化的曲线，图 6 – 39b 为 0 ~ 15s 过程中 X 方向应力随时间变化的局部曲线。

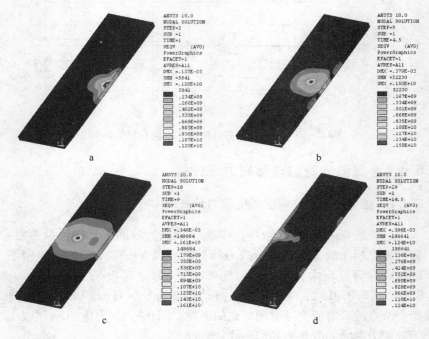

图 6 – 37　单次扫描不同时刻等效应力等值云图

a—$t = 1\text{s}$；b—$t = 4.5\text{s}$；c—$t = 9\text{s}$；d—$t = 14.5\text{s}$

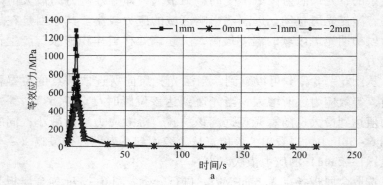

a

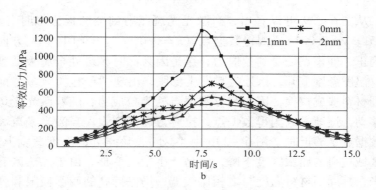

图 6 - 38 等效应力随时间变化的曲线（b 图为局部放大图）

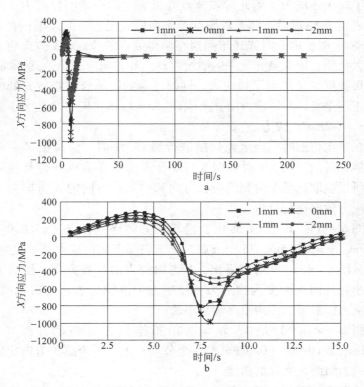

图 6 - 39 X 方向应力随时间变化的曲线（b 图为局部放大图）

从图 6 - 39 可以看出，当激光光斑照射到金属板边缘时（$x = 0.051$，$y = 0.001$），测得数据点（$x = 0.051$，$y = 0.015$）X 方向应力为正，即该点处受到拉应力，这是因为此时光斑处金属板受到照射，温度急剧上升，该处材料发生膨胀，出现"鼓包"现象，而对周围材料造成拉拽，因而测得数据点处为拉应力；随着激光光斑继续移动，逐渐靠近测得数据点，拉应力逐渐增大；当激光光斑离测得数据点足够近时（图 6 - 39b 中 4s 处），该点处的温度急剧上升，该区域材料的屈服强度下降，容易产生塑性变形，由于加热区有热膨胀，其周围材料温度与之相比较低，仍保持高的屈服极限和弹性模量，因而周围材料对加热区产生挤压，限制了部分材料的膨胀，产生了较大压应力，而此时该节点处仍有之前产生的拉应力，两者叠加表现为5s过后，测得数据点 X 方向应力正值逐渐减小；直到光斑移动 8s 时，即此时光斑正照射在测得数据的节点，X 方向应力达到最大负值；随着激光光斑的继续移动，X 方向应力负值逐渐减小，即测得数据点又产生了拉应力。同时注意到，不管测得数据处的应力是正还是负，沿厚度方向，上表面（$z = 1mm$）应力总是大于下表面（$z = -2mm$）应力。

在单次扫描时，当激光扫描进行到 13.5s 时，金属板 Z 方向负位移接近最大，而 55s 时如图 6 - 36 所示，是 Z 方向正位移接近最大，所以截取这两个时刻沿板长方向和扫描线方向的 X 方向应力及等效应力数据进行分析。

图 6 - 40a、b 是 13.5s 时，沿板长方向路径各点（$x = 0.051 \sim 0.099m$，$y = 0.015m$，25 个节点）上下表面 X 方向应力及等效应力。

从图 6 - 40a、b 可以看出，X 方向应力沿板长方向，压应力由大变小，从而逐渐变为拉应力，拉应力值继续增大，随后又减小；等效应力沿着板长方向是逐渐减小的。

图 6 - 41a、b 是 13.5s 时，沿扫描线方向路径各点（$x = 0.051m$，$y = 0.001 \sim 0.029m$，15 个节点）上、下表面 X 方向应力及等效应力沿路径变化的曲线。

从图 6 - 41a、b 可以看出，X 方向应力沿扫描线方向，拉应力由大变小，从而逐渐变为压应力，压应力值继续增大，随后又减小，

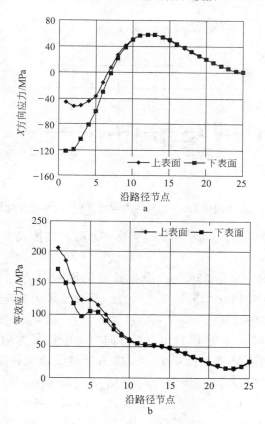

图6-40 X方向应力（a）与等效应力（b）沿路径变化的曲线

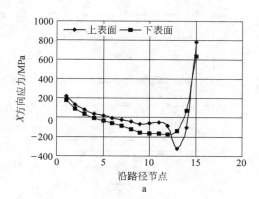

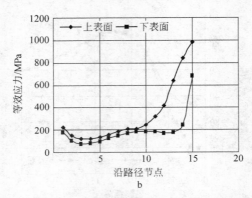

图 6-41　X 方向应力（a）与等效应力（b）沿路径变化的曲线

最后转变为拉应力，逐渐增大；等效应力沿着扫描线方向基本上是逐渐增大的。

图 6-42a、b 是 55s 时，沿板长方向路径各点（$x = 0.051 \sim 0.099$m，$y = 0.015$m，25 个节点）上、下表面 X 方向应力及等效应力沿路径变化的曲线。

从图 6-42a、b 可以看出，X 方向应力沿板长方向，压应力由大变小，从而逐渐变为拉应力，压应力值继续增大，随后又减小；等效应力沿着板长方向逐渐减小随后增大，又减小，又增大。

图 6-43a、b 是 55s 时，沿扫描线方向路径各点（$x = 0.051$m，$y = 0.001 \sim 0.029$m，15 个节点）上、下表面 X 方向应力及等效应力沿路径变化的曲线。

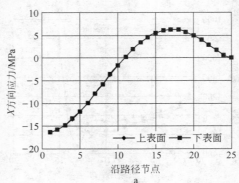

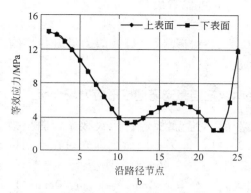

图 6-42 X方向应力（a）与等效应力（b）沿路径变化的曲线

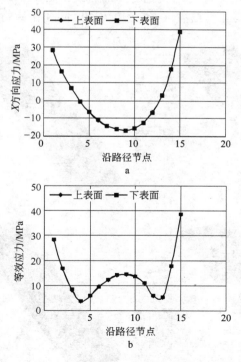

图 6-43 X方向应力（a）与等效应力（b）沿路径变化的曲线

从图 6 - 43a、b 可以看出，X 方向应力沿扫描线方向，拉应力由大变小，从而逐渐变为压应力，压应力值继续增大，随后又减小，最后转变为拉应力，逐渐增大；等效应力沿着扫描线方向逐渐减小随后增大，又减小，又增大。

6.4.2　同路径两次扫描激光弯曲成形应力场分析

选择相同路径，对金属板进行两次激光弯曲扫描，所采用参数见表 6 - 5。图 6 - 44a ~ h 为不同时刻即光斑在不同位置时金属板的等效应力分布云图，图 6 - 45a 为金属板某一位置（$x = 0.051$，$y = 0.015$），沿厚度方向（$z = - 2$mm，$- 1$mm，0mm，1mm）四个节点的等效应力随时间变化的曲线，图 6 - 45b 为在 0 ~ 15s 时间内（第一次扫描），等效应力随时间变化的局部曲线，图 6 - 45c 为在 215.5 ~ 230s 时间内（第二次扫描），等效应力随时间变化的局部曲线。

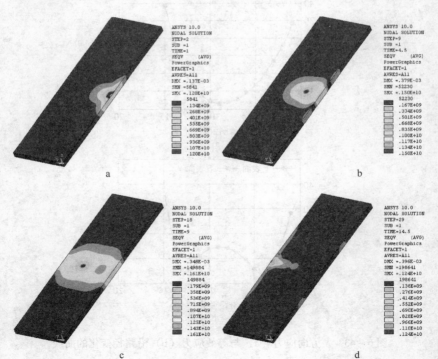

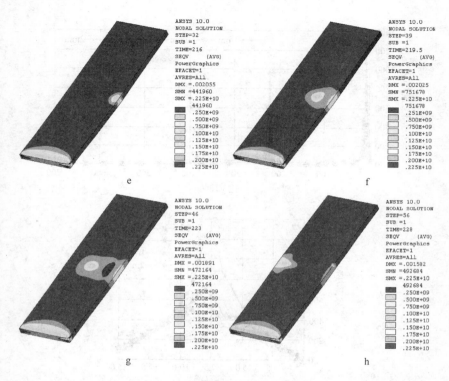

图6-44　同路径两次扫描不同时刻金属板的等效应力等值云图

a—$t=1s$；b—$t=4.5s$；c—$t=9s$；d—$t=14.5s$；

e—$t=216s$；f—$t=219.5s$；g—$t=223s$；h—$t=228s$

从图6-45中可以看到，两次扫描该位置等效应力呈周期性变化，即都是在光斑接近该位置时等效应力逐渐增大，远离该位置时逐渐减小，但第二次扫描获得的等效应力小于第一次扫描，如图6-45a~c所示。

图6-46a为金属板某一位置（$x=0.051$，$y=0.015$），沿厚度方向（$z=-2mm$，$-1mm$，$0mm$，$1mm$）的四个节点 X 方向应力随时间变化的曲线，图6-42b为在0~15s时间内（第一次扫描），X 方向应力随时间变化的局部曲线，图6-46c为在215.5~230s时间内（第二次扫描）X 方向应力随时间变化的局部曲线。

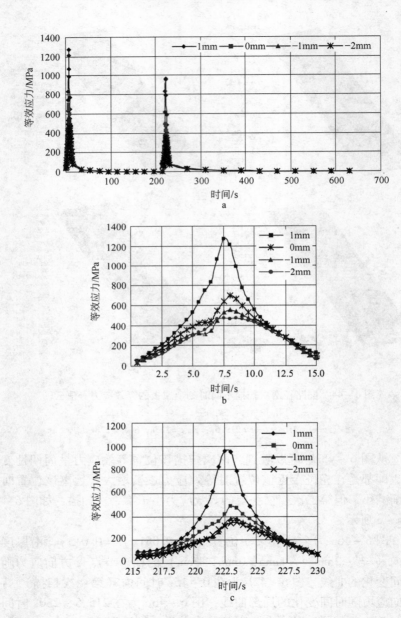

图 6 - 45　等效应力随时间变化的曲线

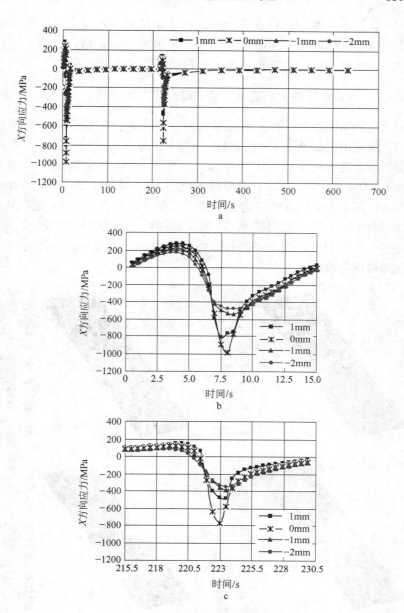

图 6-46 X 方向应力随时间变化的曲线

从图 6 - 46 中可以看到，两次扫描该位置等效应力呈周期性变化，每一次扫描 X 方向应力分布规律与单次扫描类似，但第二次扫描产生的 X 方向应力要小于第一次扫描产生的应力。

6.4.3　不同路径两次扫描激光弯曲成形应力场分析

选择不同路径，对金属板进行两次激光弯曲扫描并进行数值模拟，所采用参数见表 6 - 7。图 6 - 47a ~ h 为不同时刻即光斑在不同位置时金属板的等效应力分布云图，图 6 - 48a 为金属板某一位置（$x = 0.051$，$y = 0.015$），沿厚度方向（$z = -2\text{mm}$，-1mm，0mm，1mm）四个节点的等效应力随时间变化的曲线，图 6 - 48b 为在 0 ~ 15s 时间内（第一次扫描），等效应力随时间变化的局部曲线，图 6 - 48c 为在 215.5 ~ 230s 时间内（第二次扫描），等效应力随时间变化的局部曲线。

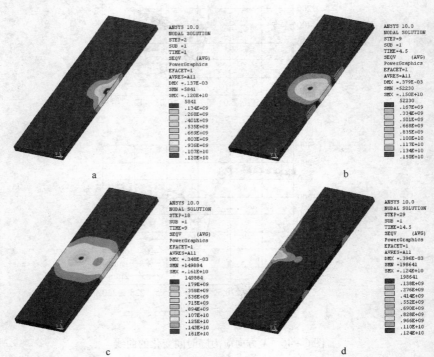

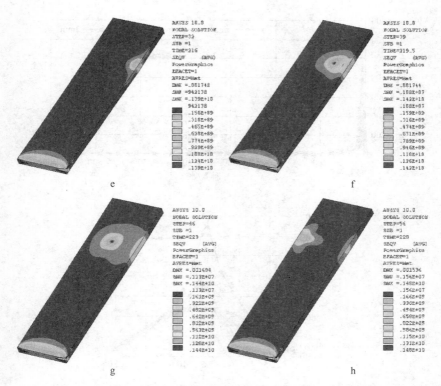

图 6 - 47　不同路径两次扫描不同时刻金属板的等效应力分布云图

a—$t = 1s$；b—$t = 4.5s$；c—$t = 9s$；d—$t = 14.5s$；

e—$t = 216s$；f—$t = 219.5s$；g—$t = 223s$；h—$t = 228s$

从图 6 - 48 中可以看出，第一次扫描的等效应力与单次扫描相似，而第二次扫描时，由于观测数据点的位置不在扫描线上，等效应力基本上是随着时间的增加而减小的，但减小幅度不是很大，最大差值为 20MPa 左右。

图 6 - 49a 为金属板某一位置（$x = 0.051$，$y = 0.015$），沿厚度方向（$z = -2mm$，$-1mm$，$0mm$，$1mm$）的四个节点 X 方向应力随时间变化的曲线，图 6 - 49b 为在 $0 \sim 15s$ 时间内（第一次扫描），X 方向应力随时间变化的局部曲线，图 6 - 49c 为在 $215.5 \sim 230s$ 时间内（第二次扫描）X 方向应力随时间变化的局部曲线。

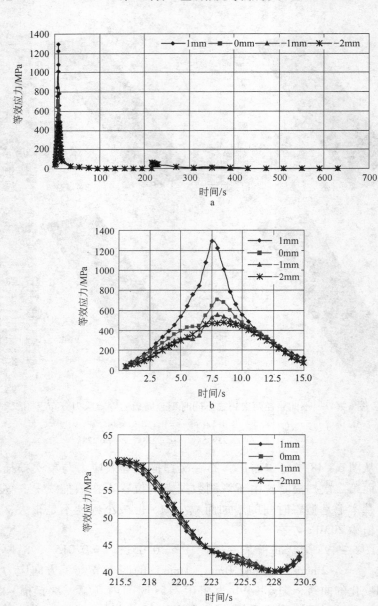

图 6 - 48　等效应力随时间变化的曲线

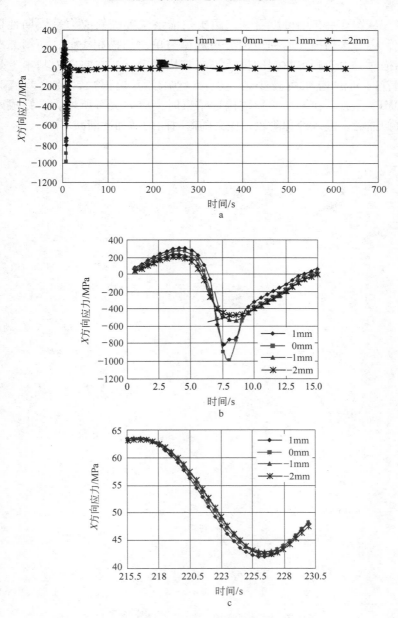

图 6 - 49 X 方向应力随时间变化的曲线

从图 6 - 49 中可以看到，两次扫描该位置等效应力呈周期性变化，第一次扫描 X 方向应力分布规律与单次扫描相类似，而第二次扫描时，由于测得数据的位置不在扫描线上，X 方向应力基本上是随着时间的增加而减小的，但减小幅度不是很大，最大差值为 20MPa 左右，在第二次扫描接近结束时，应力又有所增大；完成两次扫描后，进入冷却阶段，应力随着时间的增加逐渐减小。

第三部分 功能梯度材料激光快速成形

7 功能梯度材料激光快速成形系统

在功能梯度材料激光快速成形技术中,激光快速成形系统、多料仓实时变比例同轴送粉技术和功能梯度材料组分设计是三大关键技术。功能梯度材料激光快速成形系统是在原有的金属粉末激光成形系统的基础上,通过增加真空箱、三料仓同轴送粉器和扩展软件处理功能来实现的。增加的硬件设备包括真空箱、三料仓同轴送粉器,扩展的软件处理功能包括功能梯度材料组分分布设计方法、零件几何信息与材料信息融合技术和基于几何信息与材料信息的驱动技术。

功能梯度材料激光快速成形系统的硬件组成包括激光器、工作台、操作控制台、真空箱和三料仓同轴送粉器五部分,其中激光器、工作台和操作控制台组成原有的金属粉末激光成形系统,真空箱、三料仓同轴送粉器是新增设备。

7.1 金属粉末激光成形系统

7.1.1 金属粉末激光成形系统简介

金属粉末激光成形(Metal Powder Laser Shaping,MPLS)是尚晓峰博士论文提出的一种激光快速成形工艺方法,金属粉末激光成形工艺系统采用 $3kW$ CO_2 激光器作为光源。激光器具有如下特点:

(1)采用先进的可控硅电子光闸技术,替代了以往的气动光闸技术,使激光的开关无气动振动。

(2)激光开关速度小于 $50\mu s$,比气动光闸提高一个数量级,有效降低了成形过程中的延时误差。

（3）激光器采用电流及功率反馈补偿技术，在控制激光功率的稳定度方面起到了积极的作用，使激光功率的不稳定度小于 ±5%，有效地提高了成形过程中温度场的稳定性及成形的质量。

金属粉末激光成形工艺系统采用三维数控工作台，行程范围 2000mm × 1000mm × 500mm，定位精度达到 ±0.05mm/m，该工作台一方面适应大型零件的加工，另一方面也能够为激光快速成形提供足够的精度。操作控制台采用基于工控计算机的运动控制卡控制技术，该项技术将激光器操作、工作台操作、简单送粉操作进行集成控制，一方面实现了性能可靠的系统控制能力，另一方面实现了过程的高度柔性化和智能化。此外，为满足金属粉末激光成形工艺要求，金属粉末激光成形系统还配备了单料仓简易同轴送粉器，该送粉器可在运动控制卡的控制下提供恒速、均匀、稳定的送粉功能，并且通过同轴喷嘴将金属粉末喷射到激光熔池之中。图 7－1 是金属粉末激光成形系统总成，图 7－2 是经金属粉末激光成形系统制造的全密度金属成形零件。

图 7－1　金属粉末激光成形系统总成

图 7 - 2   金属粉末激光成形系统制造的全密度金属成形零件

7. 1. 2   金属粉末激光成形系统激光光斑形状测试

CO_2 分子的激光作用是在 1964 年由 Patel 首先发现的，随着 1972 年 Davis 研制成功 27.2kW 的连续激光输出功率 CO_2 激光器，高功率连续 CO_2 激光器的应用进入了新的阶段。目前，激光加工的类型与应用主要包括激光表面工程、激光材料去除、激光材料连接、激光快速成形制造以及其他激光加工应用等。

高功率 CO_2 激光器多数在高阶模状态运转，以高增益和大孔径为特征，激光束横截面上并非理想的高斯光束，其光强度分布是不均匀的。因此聚焦后的激光光斑也并非圆形，这给功能梯度材料激光快速成形的加工精度及质量带来一定影响。

激光束截面形状以横模来表示，所谓横模是指光场在垂直于腔轴方向的平面内的光强度分布情况。图 7 - 3 给出几个简单横模在垂直于腔轴的平面内的振幅和光强分布情况。TEM_{00} 称为基模，TEM_{10}、TEM_{20}、TEM_{30}、TEM_{40} 等称为高阶模。基模光束截面上的光强度分布服从高斯分布，光斑形状为圆形，最简单；而高阶模的光

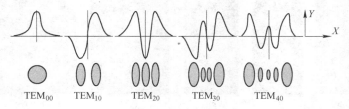

图 7 - 3   横模的振幅和光强分布

束截面上光强度分布是不均匀的，从外形轮廓分析呈现矩形，因此聚焦后的激光光斑也呈矩形。

充分分析和研究高功率 CO_2 激光加工系统激光束模式以及聚焦激光光斑形状与激光功率、离焦量、激光头转角、激光头摆角之间的关系，可以有效掌握和控制聚焦激光光斑的形状，为功能梯度材料激光快速成形技术的应用提供形状和入射方向适宜的聚焦激光光斑。

7.1.2.1　金属粉末激光成形系统输出的激光束

激光束模式是衡量激光器性能最重要的技术指标之一，它直接决定聚焦激光光斑的形状，从而决定激光加工性能、精度及质量。

测定激光束模式采用有机玻璃取样法。将有机玻璃样板放置于激光器窗口前，垂直于激光束，激光功率取 65W，作用时间为 0.5s。图 7 – 4 是激光束模式照片及光强度分布示意图。经过测定和分析可知，金属粉末激光成形系统中所用的高功率 CO_2 激光器的激光束模式为 TEM_{50} 高阶模。

高功率 CO_2 激光器的激光束截面形状除了受激光束模式影响之外，还与激光功率有着密切的关系。图 7 – 5 是采用有机玻璃取样法获得的激光束

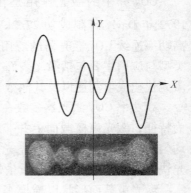

图 7 – 4　激光束模式照片及光强度分布示意图

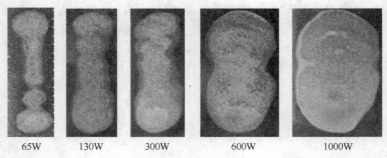

| 65W | 130W | 300W | 600W | 1000W |

图 7 – 5　不同激光功率下的激光束截面形状照片

截面形状照片。激光功率分别取 $P = 65W$、$130W$、$300W$、$600W$、$1000W$，作用时间 $t = 0.5s$。图 7 - 6 是激光束截面长轴、短轴随激光功率变化的趋势曲线。

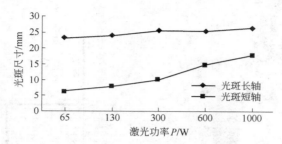

图 7 - 6   激光束截面长轴、短轴随激光功率变化的趋势曲线

由图 7 - 5、图 7 - 6 分析可知，激光束截面形状呈现矩形，激光束长轴长度与激光功率变化无关，激光束短轴宽度随激光功率的提高而增加。

7.1.2.2   二维旋转激光头

高阶模 CO_2 激光器输出的激光束截面呈现矩形，因此经过聚焦后的激光光斑呈现椭圆形（离焦量 $F = 0$ 时）或者呈现矩形（离焦量 $F > 0$ 时）。这种不规则的聚焦激光光斑会对功能梯度材料激光快速成形工艺的应用产生一定影响。

为了获得适宜形状和入射方向的聚焦激光光斑，设计二维旋转激光头，如图 7 - 7 所示。该激光头可绕垂直轴 Z 转动，可绕水平轴 BC 摆动。两个旋转运动均由伺服电动机通过蜗轮蜗杆驱动。

图 7 - 8 是该二维旋转激光头的结构示意图。C 点处为平面直角反射镜，将垂直入射的激光束反射为水平方向；B 点处为反射聚焦镜，将水平激光束反射并且聚焦到加工平面 XY 的 A 点处。

二维旋转激光头的设计可使聚焦激光光斑形状和入射角度发生改变，从而实现根据不同加工要求改变光斑形状和入射角度的目标。二维旋转运动的引入使聚焦激光光斑入射在加工平面上的位置发生较为复杂的改变，如图 7 - 9 所示。

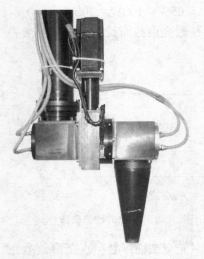

图 7 - 7 二维旋转激光头

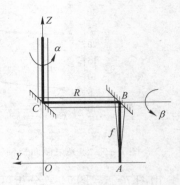

图 7 - 8 二维旋转激光头结构示意图

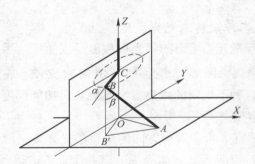

图 7 - 9 聚焦激光光斑在加工平面中坐标示意图

在图 7 - 9 中，激光头绕 Z 轴转动所形成的角度叫做激光头转角，用 α 表示。所谓激光头转角即为水平激光束 BC 与 Y 轴所夹锐角。激光加工头绕水平轴 BC 摆动所形成的角度叫做激光头摆角，用 β 表示。所谓激光头摆角即为聚焦激光束 BA 与 Z 轴所夹锐角。距离 AB 称为激光焦距，用 f 表示。距离 BC 为旋转半径，用 R 表示。由图 7 - 9 中几何关系可推导出聚焦激光光斑在加工平面中 A 点的坐标与激光头转角 α、摆角 β、旋转半径 R 以及焦距 f 之间的关系为：

$$\begin{cases} x_A = \sqrt{R^2 + (f \cdot \sin\beta)} \cdot \sin(\alpha + \gamma) \\ y_A = \sqrt{R^2 + (f \cdot \sin\beta)} \cdot \cos(\alpha + \gamma) \end{cases} \tag{7-1}$$

式中，$\gamma = a\tan\left(\dfrac{f \cdot \sin\beta}{R}\right)$。

式（7-1）可为计算聚焦激光光斑在加工平面中的坐标提供理论依据，从而为聚焦激光光斑分析试验以及激光加工应用提供聚焦激光光斑定位依据。

7.1.2.3 聚焦激光光斑形状分析

由于试验所用高功率 CO_2 激光器的激光束模式为 TEM_{50} 高阶模，激光束截面形状呈现矩形，因此聚焦激光光斑形状也呈现矩形，如图 7-10 所示。

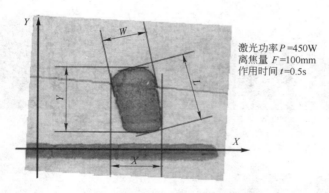

图 7-10 聚焦激光光斑形状照片

图 7-10 中的照片采用单面胶纸取样法获得，即在薄钢板上粘贴一层单面胶纸，然后在胶纸上进行激光入射烧蚀试验，胶纸上的烧蚀部分可反映出聚焦激光光斑的形状。聚焦光斑形状可用光斑 X 轴宽度 X、Y 轴宽度 Y 或者光斑长轴宽度 L、短轴宽度 W 进行描述。

在图 7-10 的 $X-Y$ 坐标系中，在垂直于 X 轴方向上测量的光斑参数称为光斑 X 轴宽度；在垂直于 Y 轴方向上测量的光斑参数称为光斑 Y 轴宽度；在垂直于光斑长轴方向上测量的光斑参数称为光斑长轴宽度 L；在垂直于光斑短轴方向上测量的光斑参数称为光斑短轴宽度 W。

　　除了激光束模式影响聚焦激光光斑形状之外，激光功率、离焦量也是影响聚焦激光光斑形状的两个比较重要的参数。图 7 – 11 是不同激光功率、离焦量下的聚焦激光光斑形状照片。照片采用单面胶纸取样法获得。激光垂直入射（$\alpha = 0°$，$\beta = 0°$），作用时间 0.5s。

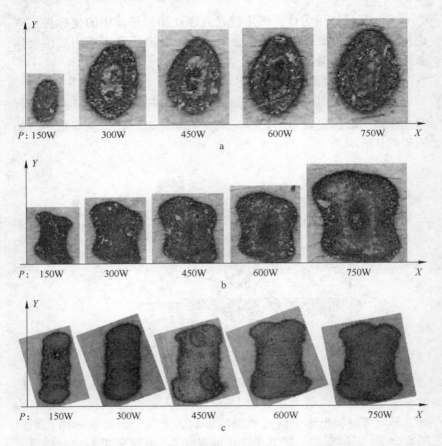

图 7 – 11　不同激光功率、离焦量下的聚焦激光光斑形状照片
a—离焦量 $F = 0$mm；b—离焦量 $F = 50$mm；c—离焦量 $F = 100$mm

　　将图 7 – 11a、b、c 对照分析可知，当离焦量 $F = 0$mm 时，聚焦光斑呈现椭圆形，而离焦量 $F = 50$mm 或 100mm 时，聚焦光斑呈现矩形。

　　图 7 – 12a 是在离焦量 $F = 0$mm 条件下，不同激光功率下聚焦光

斑（椭圆）长轴宽度 L、聚焦光斑（椭圆）短轴宽度 W 的变化曲线；图 7-12b 是在离焦量 $F=50$mm 条件下，不同激光功率下聚焦光斑（矩形）长轴宽度 L、聚焦光斑（矩形）短轴宽度 W 的变化曲线；图 7-12c 是在离焦量 $F=100$mm 条件下，不同激光功率下聚焦光斑（矩形）长轴宽度 L、聚焦光斑（矩形）短轴宽度 W 的变化曲线。将图 7-12a、b、c 的曲线对比分析可知，在相同离焦量条件下，聚焦光斑长轴宽度与短轴宽度均随激光功率的增加而增加。在各种离焦量条件下，聚焦光斑短轴的变化率均大于光斑长轴的变化

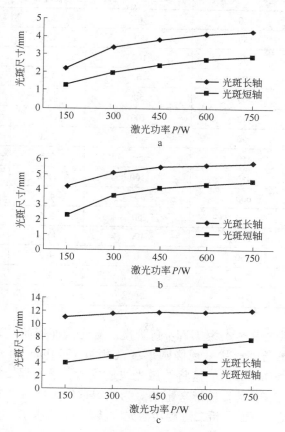

图 7-12　不同激光功率、离焦量下的聚焦激光光斑形状变化曲线

a—离焦量 $F=0$mm；b—离焦量 $F=50$mm；c—离焦量 $F=100$mm

率。在离焦量 $F = 100$mm 条件下，聚焦光斑长轴变化几乎不随激光功率的增加而增加，而是保持恒定状态。

表 7 - 1 是不同激光功率、离焦量条件下的聚焦激光光斑形状参数表。从表 7 - 1 分析可知，在相同功率条件下，聚焦激光光斑长轴、短轴均随离焦量的增加而增加。

表 7 - 1 不同激光功率、离焦量下的聚焦光斑形状参数

序号	激光功率 P/W	离焦量 F/mm	光斑/mm	
			长轴 L	短轴 W
1	150	0	2.2	1.3
2	150	50	4.2	2.3
3	150	100	11.2	4.0
4	300	0	3.4	2.5
5	300	50	5.1	3.6
6	300	100	11.6	5.1
7	450	0	3.8	2.4
8	450	50	5.5	4.1
9	450	100	11.8	6.2
10	600	0	4.1	2.7
11	600	50	5.6	4.3
12	600	100	11.8	6.9
13	750	0	4.3	2.9
14	750	50	5.7	4.5
15	750	100	12.0	7.7

由于激光束模式为 TEM_{50} 高阶模，激光截面形状呈现矩形，所以聚焦激光光斑形状呈现椭圆形（离焦量 $F = 0$mm 时）或者矩形（离焦量 $F > 0$mm 时）。这将给激光快速成形、激光焊接等激光加工应用的加工精度及质量带来影响。为获得适宜形状和入射方向的聚焦激光光斑，下面分析二维旋转激光头转角 α、摆角 β 与聚焦激光光斑形状的关系。

图 7 - 13 是不同激光头转角 α、摆角 β 下的聚焦激光光斑形状照

片。照片采用单面胶纸取样法获得。激光功率 $P = 600\text{W}$，离焦量 $F = 50\text{mm}$，激光作用时间 $t = 0.5\text{s}$。

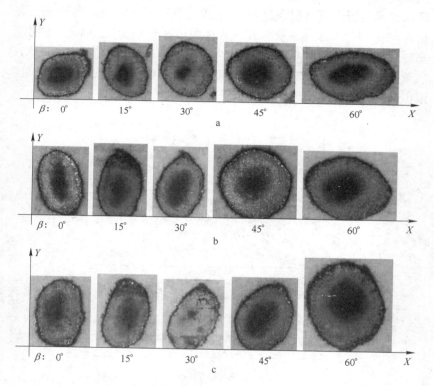

图 7 – 13   不同激光头转角、摆角下的聚焦激光光斑形状照片

a—激光头转角 $\alpha = 0°$；b—激光头转角 $\alpha = 30°$；c—激光头转角 $\alpha = 60°$

将图 7 – 13 中各组聚焦激光光斑照片对比分析可知，当取不同的激光头转角 α 与摆角 β 时，所获得的聚焦激光光斑形状变化很大。通过选取适宜的激光头转角 α 与摆角 β，可以获得适合激光焊接的长光斑，如图 7 – 13a 中第五张照片所示；也可以获得适合激光快速成形的圆光斑，如图 7 – 13b 中第四张照片所示。

图 7 – 14 是不同激光头转角 α、摆角 β 下的聚焦激光光斑 X 轴宽度与 Y 轴宽度的变化曲线，表 7 – 2 是相应的参数表。由图 7 – 14a 和 b 的曲线分析可知，在激光头转角 α 相同的条件下，随着激光头

摆角 β 的增加，光斑 X 轴宽度逐渐增加，而光斑 Y 轴宽度逐渐减少。当激光头转角 $\alpha = 0°$ 时，两条曲线交汇在激光头摆角 $\beta \in [30°，45°]$ 区间，说明圆光斑出现在摆角 $\beta \in [30°，45°]$ 区间内；当激光头转角 $\alpha = 30°$ 时，两条曲线交汇在激光头摆角 $\beta = 45°$ 附近区间，说明圆光斑出现在摆角 $\beta = 45°$ 附近区间内。由图 7 – 14c 的曲线分析可知，当激光头转角 $\alpha = 60°$ 时，激光头摆角在 $\beta \in [0°，60°]$ 区间变化时，聚焦激光光斑逐渐接近但未能实现圆光斑。

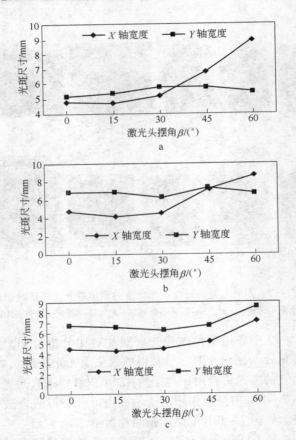

图 7 – 14　不同激光头转角、摆角下的聚焦激光光斑形状变化曲线

a—激光头转角 $\alpha = 0°$；b—激光头转角 $\alpha = 30°$；c—激光头转角 $\alpha = 60°$

表 7 – 2 不同激光加工头转角、摆角下的聚焦光斑形状参数

序号	激光头转角 $\alpha/(°)$	激光头摆角 $\beta/(°)$	光斑/mm	
			X 轴	Y 轴
1	0	0	4.8	5.1
2	0	15	4.7	5.3
3	0	30	5.1	5.7
4	0	45	6.8	5.7
5	0	60	9	5.4
6	30	0	4.7	6.8
7	30	15	4.2	6.8
8	30	30	4.5	6.2
9	30	45	7.1	7.2
10	30	60	8.6	6.7
11	60	0	4.4	6.7
12	60	15	4.2	6.5
13	60	30	4.5	6.2
14	60	45	5.1	6.7
15	60	60	7.1	8.5

7.2　三料仓实时变比例同轴送粉器

　　同轴送粉器是金属粉末激光成形的关键技术之一，金属粉末激光快速成形技术是激光熔覆技术与快速成形技术相结合的产物，金属粉末的供应方式是伴随着激光熔覆与激光快速成形的发展而发展的，因此金属粉末的供应方式与激光快速成形技术密不可分。

　　同轴送粉系统主要由送粉器、粉末喷嘴及送粉气路等几个部分组成。送粉器的作用是储存和输送被选定的合金粉末；粉末喷嘴的功能是把从送粉器出口的粉末准确地送达激光光斑所在位置。粉末喷嘴是聚焦光束、保护气帘、聚焦金属粉末的统一输出出口，粉末喷嘴上还设有复杂的冷却水通道。在金属粉末激光成形工艺中，对于送粉器的送粉精度、均匀性及稳定性都有很高的要求。

　　为了实现在金属粉末激光成形工艺系统上成形功能梯度材料，设计一个三料仓实时变比例同轴送粉器是非常必要的。三料仓实时变比例同轴送粉器采用模块化设计思想，如果功能梯度材料组分的种类超过三种，可加挂相应的料仓数量。

7.2.1　三料仓送粉器

7.2.1.1　三料仓送粉器硬件组成结构

　　三料仓实时变比例送粉器包括三个料仓及粉末定量送给机构，每个料仓最多可容纳 $10^6 mm^3$ 金属粉末。粉末定量送给机构采用刮吸式结构，由步进电机驱动，通过运动控制卡发送脉冲信号进行调速控制，实现 $0 \sim 250 mm^3/s$ 间无级调速，图 7 – 15 是刮吸式粉末定量送给机械示意图。图 7 – 16 是基于 UG NX（Unigraphics NX）设计的单料仓送粉器装配图。图 7 – 17 是设计制造出来的三料仓送粉器照片。

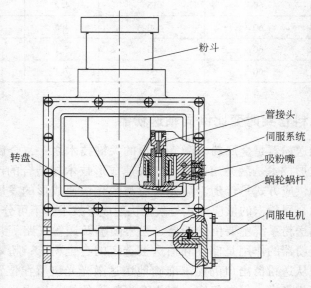

图 7 – 15　刮吸式粉末定量送给机械示意图

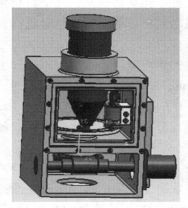

图 7 – 16　单料仓送粉器装配图

图 7 – 17　三料仓送粉器照片

7.2.1.2　粉末定量送给标定及送粉测试

精确的三料仓实时变比例同轴送粉机构是功能梯度材料激光快速成形系统的关键组成部分之一。该机构的设计方案决定着送粉比例的精度，进而影响成形的功能梯度材料的成分和性能梯度分布情况。单独每个粉末定量送给机构的标定以及送粉速度与送粉量关系的实验测试是两项关键技术。

在功能梯度材料激光快速成形过程中，严格的单位时间送粉量是成形质量的重要保证，粉末送给的均匀性决定着成形过程的成败。

对于三个料仓同时送粉，首先要保证在相同转速下，每个料仓输出的粉末体积是相同的，因此在使用之前有必要对每个料仓进行调整和标定。

单位时间送粉量取决于填充线的熔覆宽度、熔覆层厚度和填充扫描速度等激光参数。以体积 V（mm^3/s）表示单位时间送粉量，设熔覆宽度为 w（mm）、熔覆层厚度为 L（mm）、扫描速度为 v（mm/s），并假设熔覆线截面为矩形，则成形过程中单位时间送粉量如下式所示：

$$V = w \cdot L \cdot v \tag{7-2}$$

粉末定量送给机构的送粉速度取决于步进电机的转速、减速器的减速比和转盘沟槽的几何尺寸。图 7-18 是转盘的截面示意图，设沟槽内缘直径为 d，外缘直径为 D，由图可知，沟槽的宽度为 $(D-d)/2$（mm），设沟槽深度为 h（mm），减速比为 i，步进电机转速为 n（r/s），送粉速度为 V'（mm^3/s），则送粉速度可表达为：

$$V' = n \cdot \frac{1}{i} \cdot \pi \cdot \frac{D^2 - d^2}{4} \cdot h \tag{7-3}$$

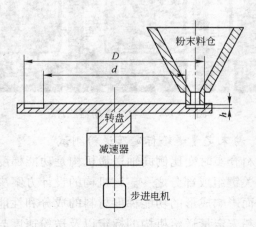

图 7-18　转盘的截面示意图

在设计粉末定量送给机构时，沟槽深度 h 可通过旋转料仓的方法微调，粉末定量送给机构的流速与标定即是通过调节 h 来实现的。

通过微调试验，使每一个粉末定量送给机构在相同步进电机转速下输出相同质量的同种金属粉末，即体积相同。

7.2.1.3 送粉流量测试

式（7-3）给出了单位时间内送粉体积与步进电机转速关系的理论计算公式。而在实际送粉时，载气流量、送粉管路变化等诸多因素的影响，会使送粉量有一定范围的波动，因此必须进行送粉速度与步进电机转速关系试验。

测定粉末送给量与步进电机转速的关系采用离线称重办法来实现，即连续改变步进电机转速值，称得不同转速下经60s运转所对应的粉末送给量，然后绘制关系曲线。图7-19是针对镍基高温合金粉末（牌号：Ni60）所测得的粉末送给量与步进电机转速的关系曲线。从图7-19中可以看出，粉末送给量与步进电机转速之间成正比关系变化，并且粉末送给十分稳定均匀。粉末送给量的重复精度也是衡量粉末送给稳定性的重要指标之一，经过多次试验观察与测量，送粉量的重复精度误差在5%以下，说明送粉量稳定、可靠、均匀。

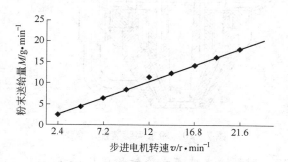

图7-19 粉末送给量与步进电机转速的关系

另外，金属粉末的颗粒度对送粉稳定性影响很大，一般情况下较大尺寸的粉末流动性较好、易于传送，而颗粒直径较小的粉末容易聚团，流动性较差。本实验系统同轴送粉器适于输送颗粒度为100～300目（150～48μm）的金属粉末，此时粉末的流动性最好。粉末粒度过大、过小都会使送粉稳定性大大降低。

7.2.2 同轴粉末喷嘴

7.2.2.1 同轴粉末喷嘴硬件组成结构

同轴粉末喷嘴是聚焦激光束、粉末汇聚束和保护气的同轴输出口，其结构示意图如图7-20所示。激光聚焦轴心与粉末汇聚轴心重合，金属粉末喷射到激光熔池之中，此为同轴粉末喷嘴的由来。保护气体采用氩气，一方面保护聚焦透镜不受污染，另一方面保护灼热金属不受氧化。图7-21是基于UG NX（Unigraphics NX）设计的同轴粉末喷嘴装配图。图7-22是设计制造出来的正在成形加工的同轴粉末喷嘴照片。

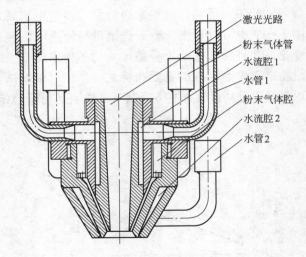

激光光路
粉末气体管
水流腔1
水管1
粉末气体腔
水流腔2
水管2

图7-20　粉末喷嘴装配示意图

7.2.2.2 同轴粉末喷嘴水冷结构优化分析

同轴粉末喷嘴是直接参与成形加工的机构，其工作区域温度高达上千摄氏度，因此在设计上要充分考虑到冷却的问题。有效的冷却问题从两个方面加以解决：一方面是采用热导率非常高的紫铜材料作为结构件材料；另一方面是在结构上设计出冷却水腔，用循环冷却水对喷嘴加以冷却。优化设计冷却水腔的结构和冷却水输入输出口的位置及数量则是进行有效充分冷却的基础。

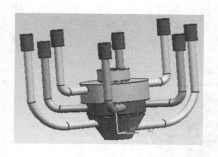 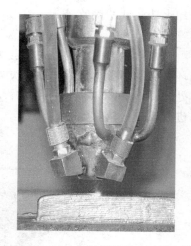

图 7 – 21　粉末喷嘴装配实体模型　　图 7 – 22　工作中的同轴粉末喷嘴照片

建立粉末喷嘴水冷物理模型，设置模拟计算边界条件，进行模拟结果分析比较，以及改变参数后的冷却模拟结果分析比较。

由于激光聚焦后温度会高达上千摄氏度，在焦点处会向四周辐射热量，如果粉末喷嘴吸收热量以后温度达到金属粉末的熔点，那么金属粉末还没有喷出前就在粉末喷嘴内融化，这样时间长了就会堵塞粉末喷嘴的出口，导致金属粉末不能喷出。为了降低粉末喷嘴的最高温度，就要设法带走喷嘴吸收的热量，因此采用水循环冷却的方法对喷嘴进行冷却。

粉末喷嘴水冷却部分也是回转体，其示意图如图 7 – 23 所示，

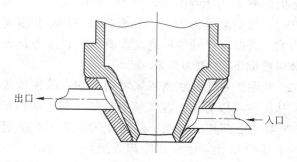

图 7 – 23　喷嘴水冷却部分示意图

冷却水从较低的铜管流入，在喷嘴水冷腔体内循环后从较高位置的铜管流出。

　　在建立物理模型时，需要把水流区域建成实体，图7-24是水循环区域的物理模型，用UG软件建立模型后调入FLUENT软件的前置处理器Gambit进行网格化和设置边界条件，最后调入FLUENT软件进行模拟分析。

图7-24　水循环区域物理模型

　　喷嘴冷却部分冷却水的入口和出口分布在圆周上，相距180°，入口低于出口。在本模拟过程中，把入口设置为速度入口，出口设置为压力出口，出口环境为自然环境。原始数据包括水的入口流量1L/min，入口处水的温度为15℃，入口铜管的直径为5mm。通过计算可以得出入口处的水流速度为0.212m/s，由于在本次模拟分析中只是对设计结构的定性分析，所以这里假设物理模型外表面吸收从激光焦点辐射的热量为1500W/m²，出口环境设为一个标准大气压（101.325kPa），出口温度为27℃。在模拟过程中还需要考虑重力对冷却水的影响，所以在"操作环境设置项"设置重力影响沿Y负方向（回转体轴线向下），值为9.8m/s²。

　　图7-25和图7-26分别是粉末喷嘴冷却水的速度矢量主视图和俯视图，从图中可以看出，在喷嘴的底部冷却水的速度很慢，接近于0，在喷嘴的上部速度较快，从速度矢量的分布图可以初步推出，喷嘴的上部冷却效果比底部冷却效果好。从图中还可以看出，在粉末喷嘴的右半部分（入口一边）的水流速度比较均匀，而在粉

末喷嘴的左半部分（出口一边）的速度分布不均，其速度分布是左上角快左下角慢，由此可以推断，在整个粉末喷嘴中右半部分（入口一边）的冷却效果要比左半部分（出口一边）的好，并且左上角的冷却效果要比左下角的冷却效果好。综合上述分析结果可知，粉末喷嘴的上部分的冷却效果要比下部分好，右部分（入口一边）的冷却效果要比左部分（出口一边）好。

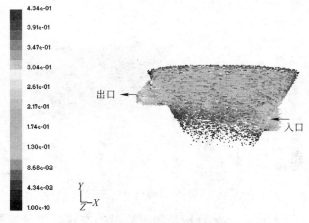

图 7 – 25　冷却水的速度矢量主视图

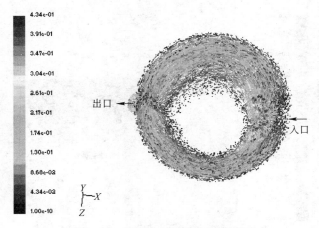

图 7 – 26　冷却水的速度矢量俯视图

图 7 - 27 是粉末喷嘴的温度场分布主视图，从图中的温度分布情况可以看出，粉末喷嘴的右半部分（入口一边）的温度要比左半部分（出口一边）低，也就是说粉末喷嘴的右半部分的冷却效果要比左半部分好，这也证明了上述根据速度矢量分布图而推出的结论的正确性。

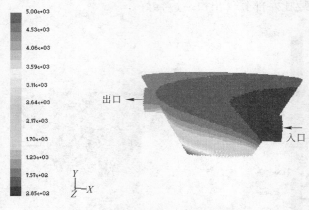

图 7 - 27　喷嘴温度分布主视图

图 7 - 28 和图 7 - 29 分别是粉末喷嘴的左视温度分布图和仰视温度分布图，从图中可以看出，粉末喷嘴的底部温度要比上部分高，

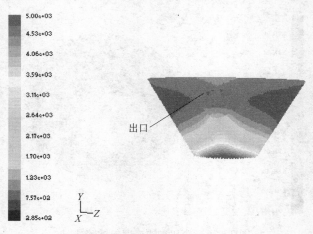

图 7 - 28　喷嘴温度分布左视图

也就是说喷嘴的上部分冷却效果比底部好，这也证明了上述根据冷却水的速度分布图推出的结果的正确性。

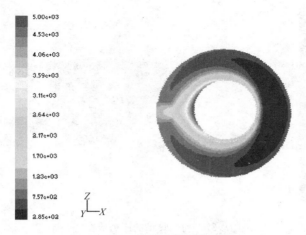

图 7 – 29　喷嘴温度分布仰视图

图 7 – 30 是 $z=0$ 截面的温度分布图。

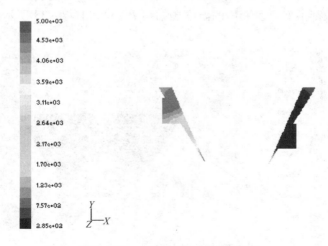

图 7 – 30　$z=0$ 截面的温度分布图

图 7 – 31 是粉末喷嘴的压力分布图。从图中可以看出，入口处的压力最大，压强从入口到出口逐级递减，该结论可以指导今后在

设计过程中要优先考虑入口处的结构强度和稳定性等。

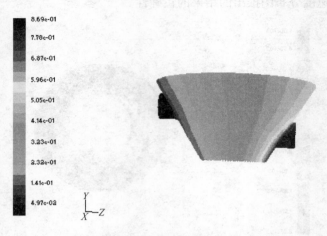

图 7 - 31　粉末喷嘴的压力分布图

在以上的温度场模拟分析中，冷却水的入口速度都是 0.212m/s，下面改变冷却水的入口速度，由原来的 0.212m/s 变为 0.424m/s，其余参数都不变。改变后的温度场如图 7 - 32 和图 7 - 33 所示。

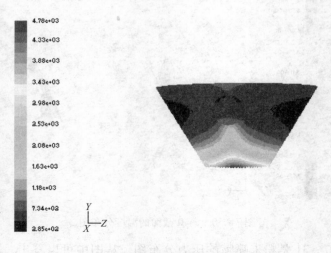

图 7 - 32　改变参数后的温度分布左视图

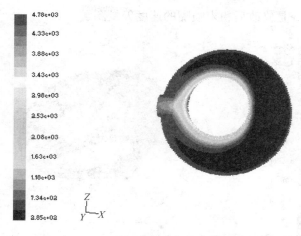

4.78e+03
4.33e+03
3.88e+03
3.43e+03
2.98e+03
2.53e+03
2.08e+03
1.63e+03
1.18e+03
7.34e+02
2.85e+02

图 7 - 33　改变参数后的温度分布仰视图

　　分别对比图 7 - 28 和图 7 - 32、图 7 - 29 和图 7 - 33 可以看出，增大冷却水的速度后，粉末喷嘴的温度分别要比之前各部分的温度低，说明改变冷却水的流量可以改变对粉末喷嘴的冷却效果，并且冷却水的流量越大冷却效果越好。

　　通过原始方案的温度场模拟分析可知，在粉末喷嘴的出口一边处的冷却效果没有入口一边好，下部分的冷却效果没有上部分好。针对这些问题改变原始设计方案，并对改变后的设计模型进行温度场模拟与原始方案比较。

　　在原来的基础上把两路冷却水改为四路水流冷却，冷却水的入口和出口在圆周上呈 90°分布，两个入口和出口分别在圆周上呈 180°分布，入口和出口在上下位置上保持原来的方案，即入口低于出口。修改后的物理模型如图 7 - 34 所示。

　　为了对比原始方案和修改后的方案的冷却效果，将边界条件和原始方案设为一样，每一个入口的流速为 0.212m/s，其余条件在这里不再重述。

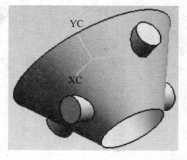

图 7 - 34　修改后的物理模型

图 7 - 35 是修改后粉末喷嘴的速度矢量图。

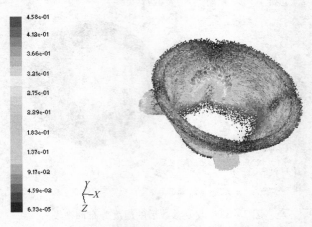

图 7 - 35　改进后的粉末喷嘴速度矢量图

从图 7 - 35 中可以看出，和原始方案相比，改进后的冷却方案中水的速度分布在四周比较均匀，对原来上下的速度分布不均有所改善，初步说明改进后的冷却模型要比原始模型的冷却效果好。

图 7 - 36 和图 7 - 37 分别是改进后的粉末喷嘴温度分布侧视（从出口一端）图和俯视图，与图 7 - 28、图 7 - 29 比较可以知道，

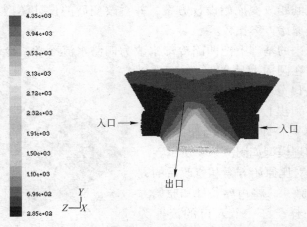

图 7 - 36　改进后粉末喷嘴温度分布侧视图

改进后的喷嘴温度高的区域面积明显减小，最重要的是最高温度低于原始方案的最高温度，最高温度的降低有利于防止金属粉末因温度过高而堵塞粉末出口。还有，原始方案中温度在圆周上的温度不均和上下的温度不均也有所改善。

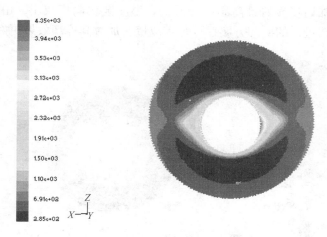

图 7 - 37　改进后粉末喷嘴温度分布俯视图

综合上述分析可知，改进后的粉末喷嘴冷却方案的冷却效果要比原始方案好，有利于防止温度太高而使金属粉末堵塞粉末喷嘴，优化了原始方案设计。

以上模拟分析是优化设计后保持每一个进口水流速度一定得出的模拟结果，这里保持原始流量一定再次作流场模拟，以便得到更加全面的模拟分析结果。

优化设计后的水冷模型是在原来基础上改为四路水流（两进两出），为了让流量一定，在这里把每一个水流进口速度变为原来的一半，即由原来的 0.212m/s 改为 0.106m/s，其余的边界条件设置不变。图 7 - 38 是保持原始流量一定的整体冷却效果图。

图 7 - 39 是优化设计后保持原始流量不变在水流出口处的温度场分布。

分别比较图 7 - 38 和图 7 - 29、图 7 - 39 和图 7 - 28，可以得出：优化设计后的冷却方案在保持流量一定的情况下，其温度场分布均匀，和原始方案相比，温度高的区域面积减小，并且最高温度低于原始方案。由此可以得出结论：改进后的冷却方案要比原始方案好。分别把图 7-38、图 7-39 和图 7-36、图 7-37 比较，可以看出改进后的冷却方案在流量增加一倍的冷却效果与流量不变的冷却效果，流量增加后喷嘴的最高温度降低，高温度区域面积减小，由此得出结论：改进后的冷却方案在冷却水流量增加时其冷却效果更好。

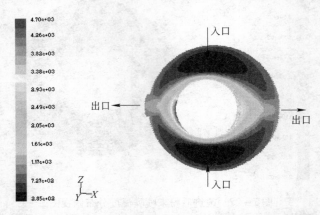

图 7-38　优化设计后保持水流量不变温度场的整体分布

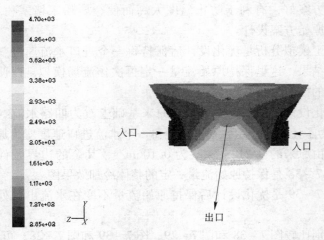

图 7-39　优化设计后保持水流量不变温度场在出口处的分布

7.2.2.3 同轴粉末喷嘴外部气固两相流流场数值模拟及结果分析

同轴粉末喷嘴内部以及外部出口处的粉末和载气的流动情况一直是人们研究的重要内容，因为它关系到粉末喷射出来的状态，从而影响功能梯度材料激光快速成形加工的质量和精度。采用数值模拟的方法，计算并分析同轴粉末喷嘴外部气固两相流流场状态。

同轴粉末喷嘴整体属于回转体，如图 7-20、图 7-21 所示，粉末和保护气体从周围的四路管道进入圆环腔体内混合，金属粉末由与激光束轨道同轴的锥环形送粉轨道最后经过锥形腔体喷出，通过气流作用，使粉末汇聚在激光束交点处。在载气式同轴送粉系统中，金属粉末流存在能量、动量和质量的输送物理过程中，并直接决定成形零件的尺寸、精度和性能。

在研究的离散相模型中，运用标准 $\kappa-\varepsilon$ 湍流模型对气相进行求解，而离散相的求解则是通过建立颗粒轨道模型、求解颗粒运动学方程来获得的。

在流场数值模拟软件计算中做如下假设：

（1）离散相模型中颗粒运动是稳态的，气、粉具有相同的速度和均匀的流场；

（2）不考虑激光束对颗粒的热影响，忽略传热计算；

（3）只考虑惯性力和重力的影响，忽略附加质量力、升力等；

（4）不存在颗粒之间的碰撞，不存在颗粒压力和颗粒黏性。

同轴送粉喷嘴气固两相流流场数值模拟采用 FLUENT 软件，该软件是目前国际上比较流行的商用计算流体动力学（CFD）软件包，在美国的市场占有率为 60%。凡是跟流体、热传递及化学反应等有关的工业均可以应用。它具有丰富的物理模型、先进的数值方法以及强大的前后处理功能，在航空航天、汽车设计、石油天然气、涡轮机设计等方面有着广泛的应用。

应用 FLUENT 软件对离散相模型的多相流工况进行数值模拟时，在 FLUENT 软件中，当颗粒相体积分数小于 10% 时，把颗粒作为离散相处理；当颗粒相体积分数大于 10% 时，颗粒相按拟流体处理。在离散相模型中，计算了在气体作用下颗粒的运动轨道以及喷嘴内、外部速度场和浓度场的分布，根据喷嘴聚焦原理，圆锥喷嘴为圆柱体，建立二维计算区域，计算区域的大小为 200mm × 100mm，喷嘴的内锥角为 α，喷嘴计算区域如图 7 – 40 所示。由不同的喷嘴结构可以得到粉末的不同浓度场，对喷嘴内锥角（$\alpha = 45°$、$60°$、$70°$）不同的粉末颗粒的浓度分布情况分别进行研究。

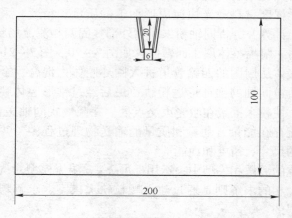

图 7 – 40　二维计算区域示意图

在喷嘴流场中，不管是喷嘴内的压缩空气携带颗粒部分，还是喷嘴外大气环境中的空气携带颗粒部分，体积加载率（单位时间内通过截面的颗粒体积与气体体积之比）都很小，远小于 10%。当粒子平均间距很大时，颗粒就可以看成是相互孤立的，因此可忽略颗粒间的相互碰撞。当送粉量为 12g/min、载气压强为 3MPa 时，粉末体积加载率为 5%，粉末在喷嘴内外的体积加载率小于 10%，采用遵循欧拉 – 拉格朗日方法的离散相模型，流体相被处理为连续相。

在 FLUENT 软件计算中，区域分为流动和固体区域。从几何模型可以看出，流动区域是不规则的，因此考虑把流动区域划分为多个规则的小区域，对每个小区域进行结构网格划分，最后再组合成一个大区域，其中加入了固体区域，但计算时不进行热耦合计算，因此不会对流体区域的计算造成影响。

在划分网格时，采用了标准 $\kappa - \varepsilon$ 模型，对于近壁区域采用壁面函数法来处理湍流情况，在外层保护气体通道区域进行网格划分时，不需要对壁面区域进行网格加密，如图 7 – 41 所示。

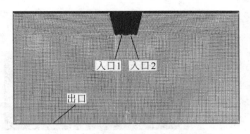

图 7 - 41   二维计算区域网格划分

这里关注的是喷嘴外流场分布，所以在分析时不考虑喷嘴锥形腔体内的流场分布。

以喷嘴锥形载气送粉腔出口作为入口边界条件，入口边界条件分别设置为速度入口 1（inlet1）和速度入口 2（inlet2）。金属粉末从锥口喷出以后不再受到实体模型的控制，所以出口为自然环境，在本次模拟过程中出口设置为压力出口（outlet）。由于在整个模拟过程中用到的压力都是相对压力，所以出口的压力设置为 0。

在气相计算中，载气速度为 1m/s，对于离散相模型，定义颗粒相的速度为 1m/s，当以平面进口方式，送粉量为 12g/min、平均颗粒半径为 0.0002m，分别以不同的锥角（$\alpha = 45°$、$60°$、$70°$）对粉末流场进行模拟，忽略颗粒之间碰撞的影响，计算结果如图 7 - 42 ～图 7 - 44 所示。

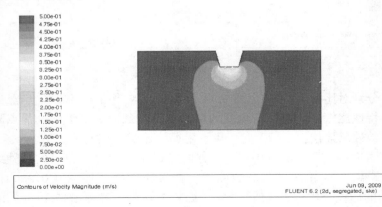

图 7 - 42 $\alpha = 45°$气体速度云图

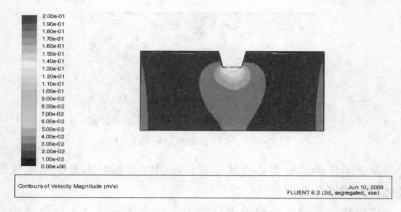

图 7 – 43 $\alpha = 60°$气体速度云图

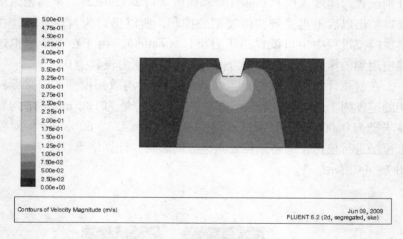

图 7 – 44 $\alpha = 70°$气体速度云图

分别对比图 7 – 42 ～ 图 7 – 44 可以看出，当 $\alpha = 45°$时，焦点的汇聚特性比较差，随着 α 角度的增大有所收敛，$\alpha = 60°$时，焦点附近收敛效果最佳，$\alpha = 70°$时，焦点附近较 $\alpha = 60°$时有所发散。

图 7 – 45 是当 $\alpha = 60°$时，Y 方向（以出口边界为原点的沿轴线方向距离）Ni 粉的体积分数曲线。在 Y 方向距离原点 0.072m 时，Ni 粉的体积分数达到峰值 2.6%，即粉末在距离喷嘴出口 8mm 的时候聚焦，焦距 $F = 8mm$。

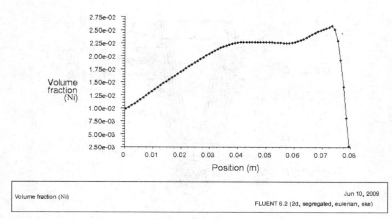

图 7 – 45　Y 方向粉末的体积分布

　　本次模拟分析结果与实际设备的焦距 8mm 相符，与 5% 粉末加载率相比，有 2.6% 的粉末在焦点处聚集，只有 50% 的粉末被有效利用。由此可见该方案的粉末汇聚性不好，粉末利用率不高。

　　通过对原始方案的流场模拟分析可知，粉末汇聚在粉末喷嘴出口下 8mm 处，体积分数为 2.6%，聚焦效果不理想。针对这一问题改变原始设计方案，并对改变后的设计模型进行流场模拟并与原始方案进行比较。

　　优化设计后的喷嘴二维示意图，如图 7 – 46 所示，以原设计为基础，在喷嘴外距离锥形载气粉末混合腔体外壁为 2mm 处增加一条内圈直径为 12mm、外圈直径为 14mm 的锥形保护气体腔体。此腔体输送保护气体氩气，用于防止粉末扩散，起到聚焦作用。

　　本次模拟同样只关心喷嘴外部流场的分布，所以在模拟分析时不考虑喷嘴锥形混合腔体内和锥形保护气体腔内的流场分布，优化后的二维计算区域如图 7 – 47 所示。

　　为了对比原始方案和修改后的方案的流场分布效果，初始条件和原始方案的初始条件相同，即在锥形混合腔体锥角一定时，送粉量和载气速度保持不变的情况下，模拟了外层保护气体的流速对粉末汇聚特性的影响，并选择 $\alpha = 60°$，$\beta = 45°$（锥形保护气体腔与 X 方向倾角）的喷嘴结构。

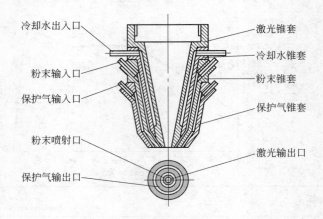

图 7 – 46　优化设计后喷嘴的二维示意图

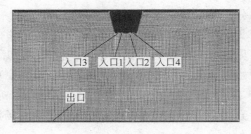

图 7 – 47　二维计算区域网格划分

　　设定边界条件，如图 7 – 47 所示，以喷嘴锥形载气混合腔出口和保护气体腔出口作为入口边界条件，入口边界条件分别设置为速度入口 1（inlet1）、速度入口 2（inlet2）、速度入口 3（inlet3）、速度入口 4（inlet4），金属粉末从锥口喷出以后不再受到实体模型的控制，所以出口为自然环境，在本次模拟过程中出口设置为压力出口（outlet）。由于在整个模拟过程中用到的压力都是相对压力，所以出口的压力设置为 0。

　　为了模拟外层保护气体流速对粉末汇聚特性的影响，做以下设定：载气速度为 1m/s，对于离散相模型，定义颗粒相的速度为 1m/s，以平面进口方式，送粉量为 12g/min、平均颗粒半径为 0.0002m，锥角不变 $\alpha = 60°$，$\beta = 45°$，保护气体分别以不同的速度（$v = 4$、6、

8m/s)对流场进行模拟，忽略颗粒之间碰撞的影响，模拟结果如图7－48～图7－53所示。

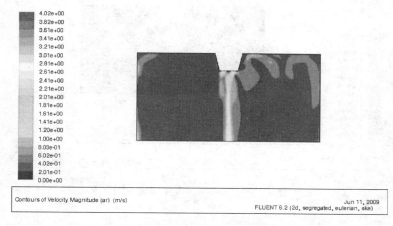

图 7 - 48　$v = 4$m/s 气体速度云图

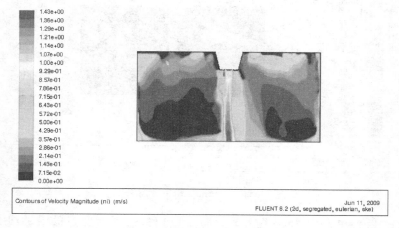

图 7 - 49　$v = 4$m/s 粉末速度云图

　　观察图 7 - 48～图 7 - 53，发现载气速度为 1m/s 时，对于离散相模型，定义颗粒相的速度为 $v = 1$m/s，以平面进口方式，送粉量为 12g/min、平均颗粒半径为 0.0002m，锥角 $\alpha = 60°$，$\beta = 45°$，$v = 6$m/s 时云图显示出收敛汇聚效果最好。

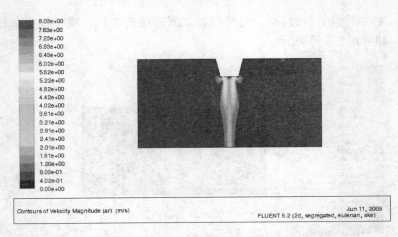

图 7-50　$v=6$m/s 气体速度云图

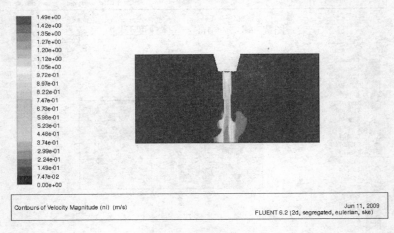

图 7-51　$v=6$m/s 粉末速度云图

　　当 $v=4$、6、8m/s 时，Y 方向（以出口边界为原点的沿轴线方向距离）粉末的体积分数曲线如图 7-54 所示。观察发现粉末在焦点附近近似服从高斯分布。为了获得较好的焦点汇聚特性，载气粉末的速度一般比较小，在气体的作用下，粉末受到了锥环通道的聚焦作用，而焦点的速度场比较均匀。通过上述模拟可知，外层保护气体能够影响粉末在喷嘴外的汇聚，外层气体流速越大，粉末聚焦

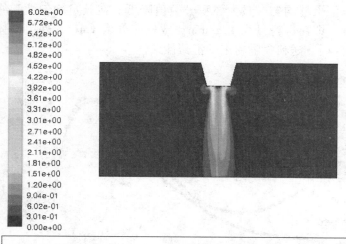

图 7 - 52 $v = 8\text{m/s}$ 气体速度云图

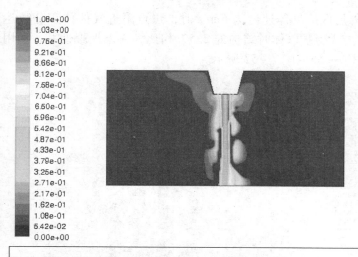

图 7 - 53 $v = 8\text{m/s}$ 粉末速度云图

点的粉末汇聚越均匀，最大体积分数值降低。在满足均匀性和峰值的要求下，即在送粉量为 12g/min、载气速度为 1m/s、外层气体为速度 6m/s 时，送粉喷嘴粉末的汇聚性最佳。

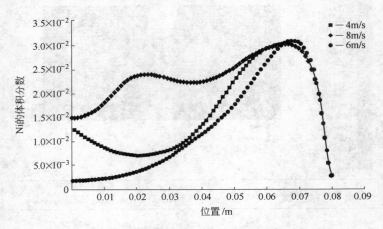

图 7-54　Y 方向粉末的体积分数图

当外层保护气体速度为 6m/s 时，焦点附近气体体积分数达到 3.3%，与无保护气体时结构的 2.5% 相比，粉末汇聚性好、利用率高，如图 7-55 ~ 图 7-57 所示。

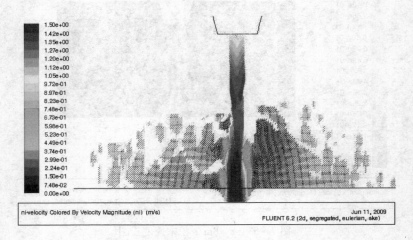

图 7-55　$v = 6$m/s 粉末速度矢量图

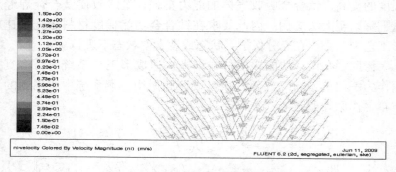

图 7 – 56　$v = 6\text{m/s}$ 喷嘴出口附近粉末速度矢量图

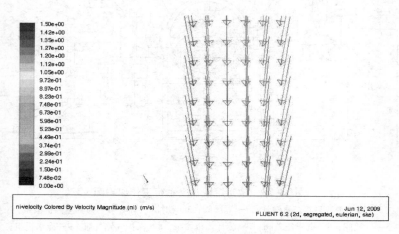

图 7 – 57　$v = 6\text{m/s}$ 汇聚后粉末速度矢量图

7.3　真空箱

在功能梯度材料激光快速成形工艺技术所用到的各种材料组分中，有许多种材料在高温状态下会与空气中的一些气体发生化学反应。例如，当梯度材料中包含钛合金组分时，钛合金是一种非常活泼的金属材料，由于表面形成致密的氧化膜，使其在常温下非常稳定。但是在高温下，钛合金则有强烈的吸氢、氧、氮的能力，空气中钛合金在250℃开始吸氢、500℃开始吸氧、600℃开始吸氮。随着温度的提高，钛合金吸收气体的能力更强，最终致使钛合金焊缝质量下降以至无法应用。因此要求在钛合金功能梯度材料激光快速成形工艺中，必须在充分保护气状态或者真空状态下进行。

为此，在设计功能梯度材料激光快速成形工艺系统时，将真空箱作为一项重要的组成部分加以设计和使用。本系统中所用到的真空箱工作原理如图 7-58 所示。

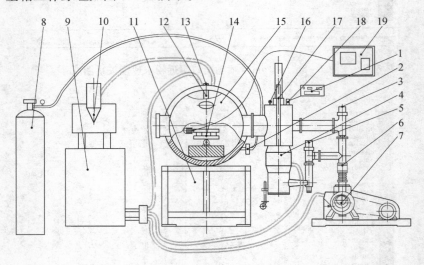

图 7-58　激光熔覆真空系统工作原理图

1—微机型数显复合真空计；2—隔膜阀；3—初抽气挡阀；4—高真空油扩散泵；
5—气挡阀；6—电磁压差阀；7—旋片式机械泵；8—保护气储气瓶；9—冷水机组；
10，12—同轴送粉器；11—底座；13—透镜窗口组件；14—三维工作台；15—箱体；
16—电触点压力表；17—气挡主阀；18—真空规管；19—计算机控制系统

7.3.1　真空室结构设计

根据工作台的最大工作空间和加工环境确定真空室的外形和尺寸。真空室选择卧式圆柱体，圆柱体直径为 1000mm，长 1200mm。箱体材料要求满足如下条件：

（1）气密性好，不渗漏，不存在多孔性的渗漏源；

（2）饱和蒸气压足够低，不致影响系统真空度；

（3）材料的吸气尽量少，并且易于除去；

（4）化学稳定性好，不易被氧化和腐蚀；

（5）温度稳定性好，即在工作温度范围内，其真空性能和力学性能不致变坏；

（6）加工容易，经济合算。

根据上述要求，本箱体选择 0Cr18Ni9。在对箱体壁厚进行选择时除了根据公式确定外，还必须考虑结构、材料、受力状态和制造等多方面的要求，使设计合理、安全。真空箱体为卧式圆柱体，两侧开门，且门上各留一个观察窗，真空室上方中央处要求设计一个透镜安装法兰，两个进水口，两个出水口，两个送粉口。内部留有安装三维工作台用支架，侧壁有 48 个接线柱和一个进气口。综合以上各方面的因素，取箱体壁壁厚为 8mm，下面进行校核。箱体的临界压力随箱体计算长度的减少而提高，其值由下式算出：

$$P_{tp} = 2.59E^T \frac{\left(\dfrac{S_0}{D}\right)^{2.5}}{\dfrac{L}{D}} \approx 2.6E^T \frac{\dfrac{S_0}{D}}{\dfrac{L}{D}} \qquad (7-4)$$

由上式可得设计壁厚为：

$$S = S_0 + C = D\left(\frac{mP}{2.6E^T} \cdot \frac{L}{D}\right)^{0.4} + C \approx D_0\left(\frac{mP}{2.6E^T} \cdot \frac{L}{D_0}\right) + C \qquad (7-5)$$

式中　P——临界压力，Pa；

E^T——材料在工作温度下的弹性模量，Pa；

S_0——箱体的理论壁厚，mm；

D——箱体的中性面直径（为设计方便，近似取箱体外径 D_0，使设计偏于安全），mm；

L——箱体长度，mm。

经上式校核 8mm 壁厚满足条件。

7.3.2　真空获得系统设备选择

真空室要求真空度小于 2×10^{-2}Pa，抽真空时间小于 10min。通过上述设计可以得到体积，根据体积公式：$V = \pi r^2 L$，可算出：$V = 942L$。

　　为在较短的时间内获得更高的真空度，选择由机械泵和扩散泵两级组成的真空获得系统。此系统的工作原理为：首先，由低真空获得系统机械泵将真空室内的压强抽到低于扩散泵的最大允许出口压强；然后开启扩散泵，在短时间内获得满足要求的高真空环境。根据需要选择 K – 200 的扩散泵和 2X – 15 的机械泵。图 7 – 59 为功能梯度材料激光快速成形真空箱组件照片。

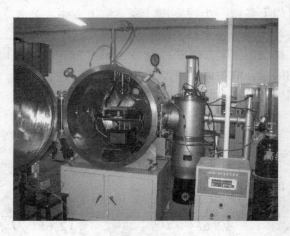

图 7 – 59　真空箱组件

8 功能梯度材料激光快速成形系统软件

功能强大、运行稳定的软件是功能梯度材料激光快速成形系统的组成部分之一，它决定着功能梯度材料激光快速成形系统的柔性化智能程度。基于工控计算机的运动控制卡集成控制方式为方便快捷地开发出柔性智能软件提供了便利的条件。功能梯度材料激光快速成形软件主要由 STL 文件分层切片、扫描填充模块、材料组分分布设计模块和硬件设备集成化驱动模块组成。

8.1 分层切片扫描填充模块

在金属粉末激光成形系统中，已经开发出较为完善的分层切片扫描填充算法，图 8-1 是该算法的流程图。分层算法是快速成形技术中数据处理的核心，其算法的效率和成败直接关系到整个数据处理的过程。目前采用一种基于 STL 文件的智能分层算法，通过建立三角形面片之间的邻接关系，采用递归分层方法实现快速分层。扫描路径不仅影响零件的精度和物理性能，而且对零件的加工时间以及加工成本有重要影响。目前采用一种轮廓扫描路径的生成算法，该算法对尖角的情况进行了特殊的处理；对补偿轮廓中经常出现的自交环现象，采用一种基于单调链自交点的求解算法和自交环的剔除方法，有效提高了补偿轮廓的正确性。

基于 STL 文件的分层切片以及扫描填充算法一直是快速成形技术中的关键和热点之一。正是因为分层切片和扫描填充算法的不断成熟才使快速成形技术得到迅速的发展和应用。本算法的过程是先通过 CAD 软件设计出实体模型，然后将其离散成 STL 文件，并对 STL 文件进行切片处理，形成二维平面轮廓，最后对轮廓进行扫描填充并且以 CLI 文件格式保存和输出，供后续成形加工应用。

图 8-2 是该算法过程的一个应用实例。

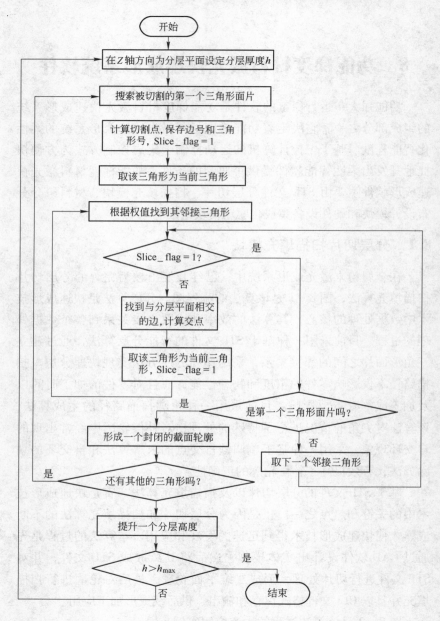

图 8-1　分层算法的程序流程图

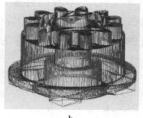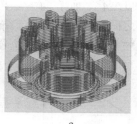

图 8 - 2　分层切片应用实例

a—实体 CAD 模型；b—STL 文件；c—分层切片结果

8.2　材料组分分布设计模块

所谓材料组分分布设计，就是设计实体内不同位置的各材料组成成分的体积分数，实现在空间内的材料梯度分布，进而实现功能的梯度分布。有了材料组分分布设计模块，才使金属粉末激光成形工艺能够发展成为有目的地设计和制造出功能梯度的功能。材料组分分布设计模块与分层切片扫描填充模块有机地结合，即材料组分分布设计模块利用分层切片扫描填充模块的处理结果，以 CLI 文件为基础进行点云化处理，然后将各点赋予材料组分的比例，经过材料组分分布的设计，使零件的几何信息和材料信息形成有机地结合在一起。

8.2.1　功能梯度材料组分分布表示方法

通常功能梯度材料的材料梯度变化方式可分为一维梯度、二维梯度和三维梯度等形式，如图 8 - 3 所示。图 8 - 3a 中梯度变化沿 Z 方向，XY 方向无梯度变化，称为一维梯度变化；图 8 - 3b 中梯度变化沿 XY 方向，Z 方向无梯度变化，称为二维梯度变化；图 8 - 3c 中在 XYZ 方向均有梯度的变化，称为三维梯度变化。

为了适应激光快速成形的分层制造和扫描填充的特点，采用面梯度、线梯度和点梯度这三种梯度变化方式来设计和表达功能梯度材料的组分分布，如图 8 - 4 所示。图 8 - 4a 中在层与层之间设计梯度变化，而在每一层内无变化，称为面梯度；图 8-4b 中在层与层之间以及扫描线与扫描线之间均有梯度变化，称为线梯度；图 8-4c 中每一层中各个点位置的梯度均有变化，称为点梯度。

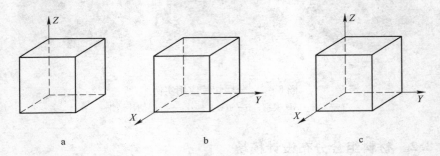

图 8-3 材料梯度变化的三种方式

a——维梯度；b—二维梯度；c—三维梯度

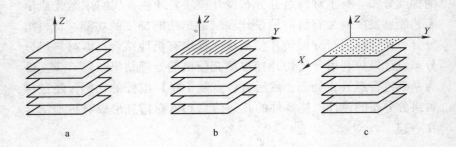

图 8-4 激光快速成形中材料梯度变化的三种表达方式

a—面梯度；b—线梯度；c—点梯度

在本质上，一、二、三维梯度分别与面、线、点梯度是一一对应的关系，只是为了适应激光快速成形的特点，并且使研究方便，所以采用不同的表达方式。

8.2.2 功能梯度材料组分分布设计方法

面梯度、线梯度和点梯度分别对应不同的组分分布设计方法。面梯度是最简单的功能梯度材料的组分分布形式，只是在层与层之间存在梯度变化。设 V_1、V_2、V_3 分别代表三种金属粉末的组成比例，根据单位时间内总粉量恒定原则，有 $\sum_{i=1}^{3} V_i = 1$。单位时间送粉总量取决于扫描速度、分层厚度、熔覆宽度等参数。因而面梯度组分分布表达式为：

$$\begin{cases} V_1 = f_1(z) \\ V_2 = f_2(z) \\ V_3 = f_3(z) \end{cases} \quad (8-1)$$

式中，z 为分层方向的高度；f_1、f_2、f_3 分别为第一、二、三种金属粉末在 z 方向上的变化函数。在组分分布设计时，f_1、f_2、f_3 为连续函数，而在实际加工过程中，由于快速成形分层制造的特点，使 f_1、f_2、f_3 只能取一系列离散点，即 $z = n \cdot L$，其中 n 为层数，L 为分层厚度。由表达式（8-1）可知，对于面梯度，只在 Z 方向上存在梯度变化，而在 XY 方向是均质的。

线梯度对应二维梯度，当通过激光快速成形方法设计线梯度时，线梯度是指某一层内扫描填充线之间的梯度变化。线梯度组分分布表达式为：

$$\begin{cases} V_{1n} = f_{1n}(y) \\ V_{2n} = f_{2n}(y) \\ V_{3n} = f_{3n}(y) \end{cases} \quad (8-2)$$

式中，y 方向与扫描线垂直，f_{1n}、f_{2n}、f_{3n} 分别为第 n 层内的第一、二、三种金属粉末沿 y 方向的变化函数。在组分分布设计时，f_{1n}、f_{2n}、f_{3n} 为连续函数，而在实际加工过程中，由于快速成形扫描填充的特点，f_{1n}、f_{2n}、f_{3n} 只能取一系列离散点，即 $y = m \cdot W$，其中 m 为扫描填充线序列，W 为扫描间距。由于线梯度是指在 $Y-Z$ 方向均有变化的梯度分布形式，因此对于不同层，$V-Y$ 函数关系是不同的。层与层之间的梯度变化服从表达式（8-2）的函数关系。

点梯度是最为复杂的功能梯度材料组分分布形式，因为点梯度在 $X-Y-Z$ 三维空间内均有组分梯度的变化。此外，为了表达点梯度，还要将 CLI 文件中的扫描填充线以一定的规则进行点云化处理。

点梯度组分分布表达式为：

$$\begin{cases} V_{1nm} = f_{1nm}(x) \\ V_{2nm} = f_{2nm}(x) \\ V_{3nm} = f_{3nm}(x) \end{cases} \quad (8-3)$$

式中，x 方向为扫描填充线的方向，f_{1nm} 为第 n 层第 m 条填充线内的材料 1 的体积分数 V_{1nm} 沿 x 方向的变化函数。在组分设计时，f_{1nm}、f_{2nm}、f_{3nm} 为连续函数，而在实际加工过程中，由于扫描填充线内点云数据的离散特点，f_{1nm}、f_{2nm}、f_{3nm} 只能取一系列离散点，即 $x = t \cdot I$，其中 t 为扫描填充线上的点云序列，I 为点云在扫描线上的离散间距。

8.2.3　功能梯度材料信息表达接口文件

在功能梯度材料激光快速成形系统中，功能梯度材料的组分分布经过设计之后要与几何信息相集成，并通过一个统一的接口文件输出，为运动控制系统提供驱动数据来源。这种材料信息与几何信息的集成表达是通过几何与材料信息接口（GMI）文件来实现的。GMI 文件以 ASCⅡ 格式书写，以 gmi 为扩展名。GMI 文件包括头信息和数据信息两大部分。

头信息数据的书写格式如下所示：

$ $ HEADERSTART　　　 ——头文件开始标记
$ $ ASCⅡ　　　　　　　 ——文件存储格式
$ $ UNITS/1. 0000　　　 ——数据单位
$ $ DATES/20070219　　 ——文件创建日期
$ $ GRADIENT/1　　　 ——梯度分布形式
$ $ LAYES/7　　　　　　 ——分层总数
$ $ HEADEREND　　　　 ——头文件结束标记

其中 $ $ GRADIENT 标记着梯度分布的形式，$ $ GRADIENT/1 代表面梯度，$ $ GRADIENT/2 代表线梯度，$ $ GRADIENT/3 代表点梯度。不同的梯度分布形式，分别对应着不同的数据信息书写格式。

数据信息包括三种书写格式，分别对应面梯度、线梯度和点梯度。

面梯度数据信息的书写格式如下：

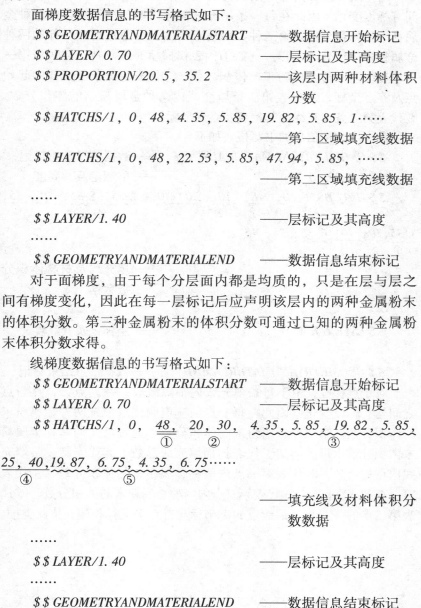

$ $ GEOMETRYANDMATERIALSTART ——数据信息开始标记

$ $ LAYER/ 0. 70 ——层标记及其高度

$ $ PROPORTION/20. 5，35. 2 ——该层内两种材料体积
分数

$ $ HATCHS/1，0，48，4. 35，5. 85，19. 82，5. 85，1……
——第一区域填充线数据

$ $ HATCHS/1，0，48，22. 53，5. 85，47. 94，5. 85，……
——第二区域填充线数据
……

$ $ LAYER/1. 40 ——层标记及其高度
……

$ $ GEOMETRYANDMATERIALEND ——数据信息结束标记

对于面梯度，由于每个分层面内都是均质的，只是在层与层之间有梯度变化，因此在每一层标记后应声明该层内的两种金属粉末的体积分数。第三种金属粉末的体积分数可通过已知的两种金属粉末体积分数求得。

线梯度数据信息的书写格式如下：

$ $ GEOMETRYANDMATERIALSTART ——数据信息开始标记

$ $ LAYER/ 0. 70 ——层标记及其高度

$ $ HATCHS/1，0，<u>48，</u> <u>20，30，</u> <u>4. 35，5. 85，19. 82，5. 85，</u>
① ② ③

<u>25，40，19. 87，6. 75，4. 35，6. 75</u>……
④ ⑤
——填充线及材料体积分
数数据

……

$ $ LAYER/1. 40 ——层标记及其高度
……

$ $ GEOMETRYANDMATERIALEND ——数据信息结束标记

　　对于线梯度，由于每条填充线内都是均质的，只是在线与线之间有梯度变化，因此在每一条填充线前应声明该填充线内的两种金属粉末的体积分数。第三种金属粉末的体积分数可通过已知的两种金属粉末体积分数求得。例如①代表扫描填充线总数，②代表第一条填充线内两种金属粉末的体积分数，③代表第一条填充线的起始点及终点坐标，④代表第二条填充线内两种金属粉末的体积分数，⑤代表第二条填充线的起始点及终点坐标。

　　点梯度数据信息的书写格式如下：

$ $ GEOMETRYANDMATERIALSTART　　——数据信息开始标记

$ $ LAYER/ 0. 70　　　　　　　　　——层标记及其高度

$ $ HATCHS/1 , 0 , <u>48</u>, <u>10</u> , <u>20 , 30</u> , <u>4. 35 , 5. 85</u> , <u>25 , 35</u>,
　　　　　　　　　　①　　②　　　③　　　　④　　　　　　⑤

<u>5. 35 , 30 , 40</u> , 6. 35 , <u>35 , 45</u> , 7. 35……
　①

　　　　　　　　　　　　　　　　　　　——填充线及材料体积分
　　　　　　　　　　　　　　　　　　　　数数据

……

$ $ LAYER/1. 40　　　　　　　　　——层标记及其高度

……

$ $ GEOMETRYANDMATERIALEND　　——数据信息结束标记

　　对于点梯度，由于每条填充线内都离散成一系列点云，点与点之间均有梯度变化，因此在每一点前应声明该点位置两种金属粉末的体积分数。第三种金属粉末的体积分数可通过已知的两种金属粉末体积分数求得。例如①代表扫描填充线总数，②代表第一条填充线内点的个数，③代表第一点内两种金属粉末的体积分数，④代表第一点的 *XY* 坐标，⑤代表第二点内两种金属粉末的体积分数，⑥代表第二点的 *X* 坐标，后续点的 *Y* 坐标与首点 *Y* 坐标相同，依此类推。

9 功能梯度材料激光快速成形工艺方法

功能梯度材料激光快速成形工艺试验研究在功能梯度材料激光快速成形技术中起到了至关重要的作用。本章针对功能梯度材料激光快速成形技术的特点，研究并分析了金属功能梯度薄壁零件三维瞬态温度场数值模拟；研究了采用功能梯度材料激光快速成形技术制备金属功能零件倾斜极限。

9.1 金属功能梯度薄壁零件三维瞬态温度场数值模拟

在功能梯度材料激光快速成形工艺过程中，金属零件能否顺利成形及成形后的组织、性能的优劣直接取决于成形工艺参数的选择。想要合理选择成形工艺参数，获得形状规整、组织致密和性能优良的成形零件，就必须掌握快速成形过程中，金属零件各点温度随时间变化的规律。目前，采用实验手段来准确把握功能梯度材料激光快速成形过程中金属零件的瞬态温度场，尚有很大困难，但是通过计算机数值模拟手段能够克服实验中遇到的困难。因此，拟用数值模拟的方法，在功能梯度材料激光快速成形系统下，完成激光快速成形金属薄壁零件的三维瞬态温度场的数值模拟，为合理地选择成形工艺参数提供参考。

金属功能梯度薄壁零件三维瞬态温度场的数值模拟采用最为通用有效的美国 ANSYS 公司开发的 ANSYS 商业有限元软件。ANSYS 软件是国际流行的融结构、流体、电磁场、声场和耦合场分析于一体的大型通用有限元分析软件，它具有强大的前处理、求解和后处理功能。

9.1.1 有限元模型建立及求解

9.1.1.1 定义模型大小的参数化尺寸

首先建立金属功能梯度薄壁零件三维瞬态温度场数值模拟的物理模型，如图 9-1 所示。在物理模型中，当激光从 (0, 0, 0) 点

沿着 X 轴熔融所送粉末并层层成形时，激光的热作用关于 XOZ 平面对称。同时，为了得到最佳的有关参数数据和方便调试，模型采用参数化的尺寸，图 9-1 所示基体的长×宽×高分别为 $L_1 × W_1 × H_1$，所生成的快速成形零件的长×宽×高分别为 $L_2 × W_2 × H_2$。

激光快速成形从原点开始，沿 X 轴方向以均匀速度 v 移动 L_2 的距离后，沿 Z 轴方向上升一段微小距离，又沿着 X 轴方向以均匀速度 v 移动 L_2 距离。如此反复，直到生成高度 H_2 的形状为止。

由于沿 Z 轴方向每次只要移动一段微小的距离，并且可以取较大的移动速度，因此可忽略每次沿 Z 轴方向移动时所耗的时间，由此所起的误差将在求解结果中讨论。

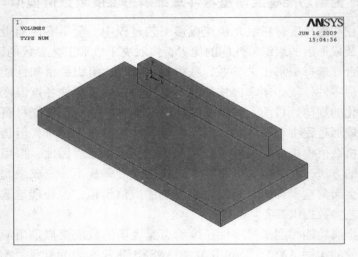

图 9-1　物理模型及坐标系

模型的大小和有限元网格的疏密决定了计算量的大小和计算精度的高低。因此，选择合适大小的模型和有限元单元是提高计算效率和计算精度的有效途径之一。为了使试验的实际情况与计算机仿真的模型尽可能一致，把有限元模型的大小设计成与试验模型的大小一样是最好不过的。但是，由于有限元单元的大小需要小到一定程度才可能得到所需要的计算精度，这样做的结果是计算量太大、结果数据太多。因而有限元模型一般只取试验模型的很小一部分来反映其实验模型的规律。只要有限元模型能在很大程度上反映实验模型的规律，就认为所取的有限元模型是合适的。

即使是适当的有限元模型，仿真计算的时间也可能是数小时，这不利于仿真程序的调试。把有限元模型大小参数化，则可以只取很少的几个有限元单元，数分钟就可以完成一次仿真计算，使效率大大提高。另外，参数化的有限元模型可以很方便地多次重复赋值，通过比较，最终得到能最大限度地反映真实试验的、大小合适的有限元模型。

经过反复的取舍，得到合适的有限元模型大小。取基体的长×宽×高分别为：21mm×10mm×1.5mm，快速成形的长×宽×高分别为：15mm×1.5mm×2mm，快速成形每个有限元单元的长×宽×高分别为：1.5mm×1.5mm×0.5mm，采用映射网格划分。基体的每个有限元单元的长×宽×高与快速成形的每个有限元单元基本一致，但基体采用自由网格划分。

9.1.1.2 定义有限元单元类型、材料特性参数

选择有限元单元类型为 solid70，它的维度是 3-D，节点数是 8，自由度是温度。材料的密度是一个常数，这里取 7800kg/m³。

9.1.1.3 建模、生成有限元网格

有了仿真模型的具体尺寸，利用 ANSYS 的三维实体造型功能，很方便就可以生成三维实体模型。生成有限元网格时，先划分实体上各线段应该分成的等分，然后按照所划等分网格化。不同长度线段的选择方式，应该避免给非平行的线段赋相等的值。

由于计算机仿真的目的主要是为了得到快速成形的温度场分布，所以在考虑对仿真模型网格化时，把成形的网格划得较为密集，把基体的网格划得较为稀疏。一方面，密集的成形网格能使成形的计算结果更精确；另一方面，相对稀疏的基体网格能减少仿真的计算量。生成的有限元网格如图 9-2 所示。

9.1.1.4 循环求解温度场

由于激光快速成形过程是一个连续的热加工制造过程，温度场的变化也是一个连续的过程，ANSYS 有限元模型是一个瞬态计算过程。温度场随时间的变化而变化。

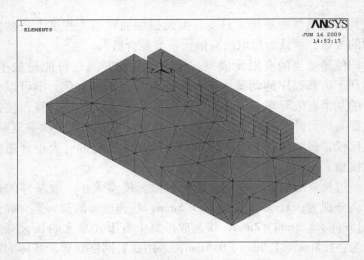

图 9 - 2　有限元模型网格划分

仿真模型的初始条件：所有有限元单元的初始温度为常温 20℃。

仿真模型的基本边界条件：基体的底平面 S_1 保持恒温 20℃。

考虑仿真模型的对流边界条件：平面集合 S_2 与常温的保护气体对流换热。

取激光的聚焦光斑直径 d 为 1.5mm，激光束沿 X 轴的移动速度 v 为 4mm/s，每一载荷步的时间步长如下式所示：

$$t_1 = \frac{d}{v} = \frac{1.5}{4} = 0.375(\mathrm{s}) \tag{9-1}$$

快速成形过程是激光束沿 X 轴往复移动，同时伴随均匀的、一定量的金属送粉量，每运动到一端，沿 Z 轴上升一段微小的距离，从而逐步成形。有限元模型是一次完成成形的整个模型，并且每一次计算都是对这个模型实施计算，因此要实现在每一载荷步的计算中几乎忽略还未成形的形状，就必须利用 ANSYS 有限元软件高级分析技术中的"单元生死"技术。

单元的"死"是指被杀死的单元的刚度矩阵乘以一个很小的系数，使它们结果小到几乎可以忽略。单元的"生"是指恢复被杀死的单元，即激活。于是，在仿真计算时，杀死还没有成形的单元，使这些单元在计算中几乎不能吸收能量。当需要计算被杀死的单元时，"生"即可。

这里取激光束的聚焦光斑半径 r_b 为 $d/2 = 1.5/2 = 0.75\text{mm}$，功率 P 为 1200W，材料对激光束的吸收率 A 为 35%，激光束的平均热流密度如下式所示：

$$I_m = \frac{0.865AP}{\pi r_b^2} = \frac{0.865 \times 35\% \times 1200}{3.14 \times (0.75 \times 10^{-3})^2} = 0.206 \times 10^9 \ (\text{W/m}^2)$$

$$(9-2)$$

在循环求解温度场时，首先杀死全部成形的有限元单元，然后从成形的第一个有限元单元开始，每次激活一个有限元单元，在其顶面加载热流密度，在其侧面加载对流边界条件，然后求解计算模型的温度场分布，直到激活全部被杀死的有限元单元，求解计算完成为止。

考虑到激光束熔化粉末时，热量迅速传递，熔池在 Z 轴方向的投影尺寸大于激光束的聚焦光斑直径。在计算机仿真时，建立的有限元模型中的单元是方块形状，当在有限元单元的顶面加载热流密度时，其当量平均热流密度为：

$$I_m = \frac{\pi r_b^2}{L_3 \times W_3} \times I_m = \frac{\pi \times (0.75 \times 10^3)^2}{1.5 \times 10^3 \times 1.5 \times 10^3} \times 0.206 \times 10^9$$

$$= 1.614 \times 10^8 \ (\text{W/m}^2) \qquad (9-3)$$

由于激光束是运动的，在每一载荷步计算完成之后，必须删除原来加载的热流密度载荷。在开始下一载荷步的瞬态分析时，激活这时激光束所到达位置的有限元单元，并在其顶面加载热流密度，在其侧面加载对流边界条件，然后求解计算模型的温度场分布，如此反复，直到整个求解计算完成为止。

9.1.2　求解结果后处理

一方面，用有限元进行的仿真是对试验模型的仿真，没有试验的现象和结果，就无法验证仿真的正确性和可能性；另一方面，对仿真结果的分析和对比，可以反过来指导试验。计算机仿真能够在多种条件组合下对试验模型进行分析、比较，选择出最优化的试验条件作为参考，它具有不怕破坏、易修改、可重用的特点，能够节约试验经费开支，缩短试验周期，减少不必要的损失。对仿真结果的温度场进行分析，了解整个快速成形过程中温度场的变化和分布，用来指导选取合理的试验参数。

9.1.2.1　快速成形的 X 轴方向的温度场比较

图 9 – 3 ~ 图 9 – 14 分别是 A1（$t = 0.375s$）、B1（$t = 1.875s$）、C1（$t = 3.75s$）、A2（$t = 7.5s$）、B2（$t = 6s$）、C2（$t = 4.125s$）、A3（$t = 7.875s$）、

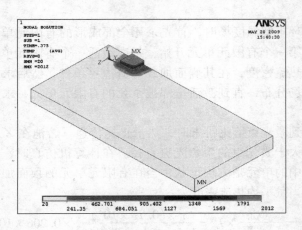

图 9 – 3　A1 节点 0.375s 温度场

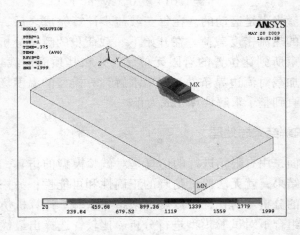

图 9 – 4　B1 节点 1.875s 温度场

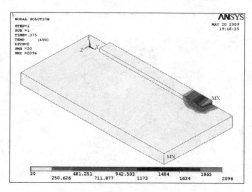

图 9 - 5　C1 节点 3.75s 温度场

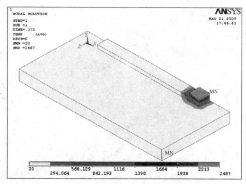

图 9 - 6　C2 节点 4.125s 温度场

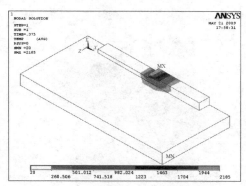

图 9 - 7　B2 节点 6s 温度场

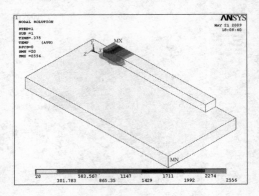

图 9-8　A2 节点 7.5s 温度场

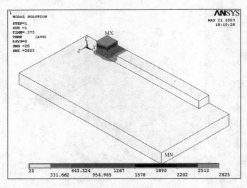

图 9-9　A3 节点 7.875s 温度场

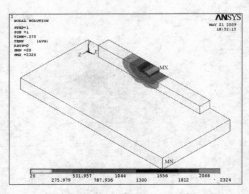

图 9-10　B3 节点 9.375s 温度场

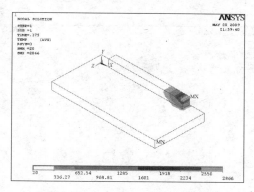

图 9 - 11　C3 节点 11.25s 温度场

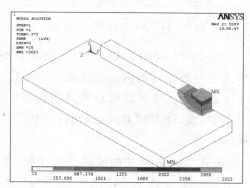

图 9 - 12　C4 节点 11.625s 温度场

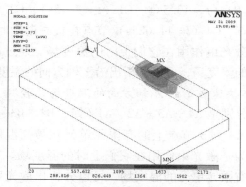

图 9 - 13　B4 节点 13.5s 温度场

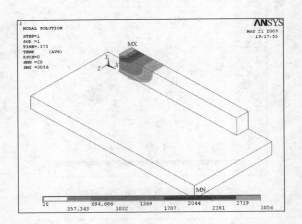

图 9 – 14　A4 节点 15s 温度场

B3（$t = 9.375s$）、C3（$t = 11.25s$）、A4（$t = 15s$）、B4（$t = 13.5s$）、C4（$t = 11.625s$）节点在最高温度时刻的温度场，即可以认为是激光束作用在它们上时的温度场。通过比较这些具有代表性的节点的温度场，可以分析出当激光束沿 X 轴方向运动时，快速成形的 X 轴方向的温度场变化规律。

9.1.2.2　快速成形的 Y 轴方向的温度场比较

图 9 – 15 ~ 图 9 – 17 分别是 A1（$t = 0.375s$）、A2（$t = 7.5s$）、A3（$t = 7.875s$）、A4（$t = 15s$）、B1（$t = 1.875s$）、B2（$t = 6s$）、B3（$t = 9.375s$）、B4（$t = 13.5s$）、C1（$t = 3.75s$）、C2（$t = 4.125s$）、C3（$t = 11.25s$）、C4（$t = 11.625s$）节点在最高温度时刻的温度场，即可以认为是激光束作用在它们上时的温度场。通过比较这些具有代表性的节点的温度场，可以分析出沿 Y 轴方向的温度场变化规律。

9.1.2.3　快速成形的 Z 轴方向的温度场比较

图 9 – 18 分别是 A4、A3、A2、A1 列 1，B4、B3、B2、B1 列 2，C4、C3、C2、C1 列 3 节点上的有限元单元在最高温度时刻的温度场，即可以认为是激光束作用在它们上时的温度场。通过比较这些具有代表性的有限元单元的温度场，可以分析出激光束沿着 Z 轴方向的温度场变化规律。

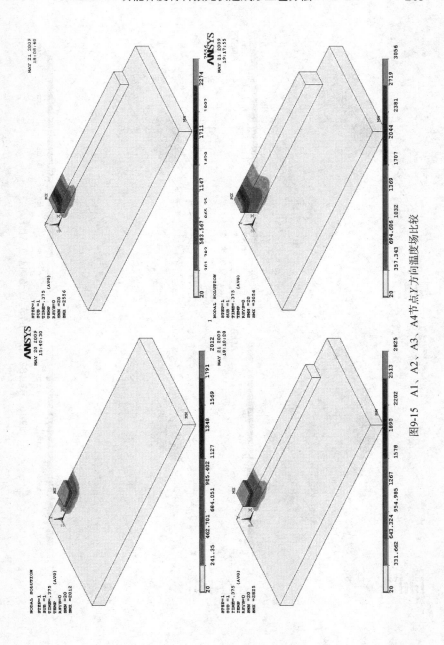

图9-15 A1、A2、A3、A4节点Y方向温度场比较

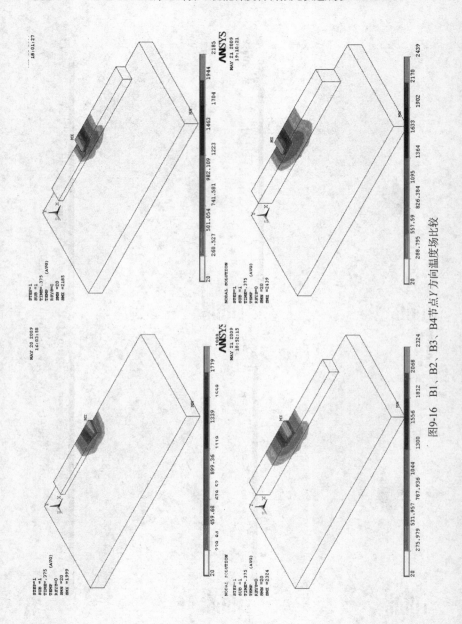

图9-16　B1、B2、B3、B4节点Y方向温度场比较

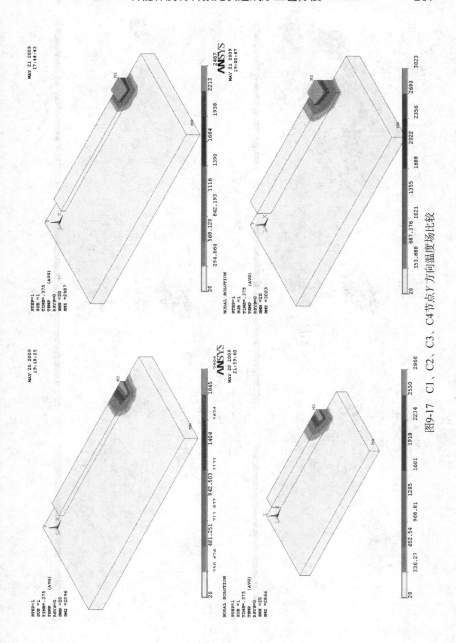

图9-17 C1、C2、C3、C4节点Y方向温度场比较

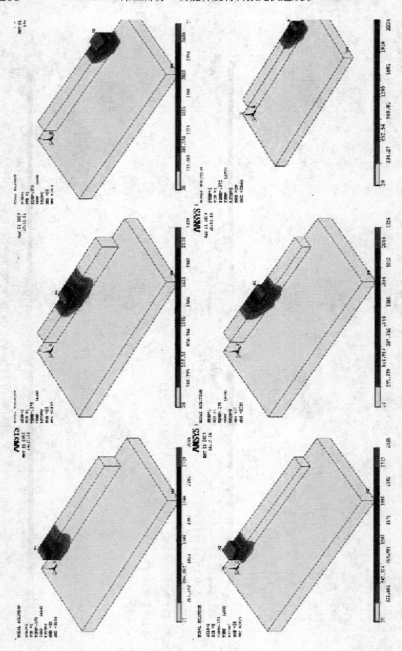

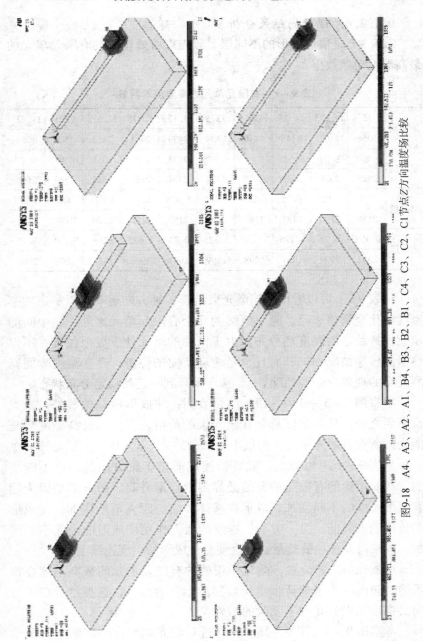

图9-18 A4、A3、A2、A1、B4、B3、B2、B1、C4、C3、C2、C1节点Z方向温度场比较

9.1.2.4　温度场结果分析

表 9 - 1 是快速成形的不同层、激光束所处位置的有限元单元的最高温度对照数据。

表 9 - 1　有限元单元最高温度对照表　　　　（K）

第四层	15	14. 625	14. 25	13. 875	13. 5	13. 125	12. 75	12. 375	12	11. 625
	3056	2501	2447	2440	2439	2439	2441	2453	2508	3023
第三层	7. 875	8. 25	8. 625	9	9. 375	9. 75	10. 125	10. 5	10. 875	11. 25
	2825	2356	2328	2324	2324	2324	2324	2325	2349	2866
第二层	7. 5	7. 125	6. 75	6. 375	6	5. 625	5. 25	4. 875	4. 5	4. 125
	2556	2190	2185	2185	2185	2185	2184	2186	2197	2487
第一层	0. 375	0. 75	1. 125	1. 5	1. 875	2. 25	2. 625	3	3. 375	3. 75
	2012	1999	1997	1998	1999	1997	1996	1997	2001	2096

从表 9 - 1 可以看出，当激光束沿着 X 轴方向运动，以一定功率密度熔化金属粉末时，除了两端的几个有限元单元之外，其中间的单元保持稳定的温度场分布。由于两端的单元处于极限位置，不仅热量的传递情况不同，而且也是速度换向的位置，存在温度瞬间剧烈升高的现象（一开始除外），接着下降到一定的稳定分布状态。

考察图 9 - 3 ~ 图 9 - 18，结果表明：除成形两端位置外，激光束所到之处，最高温度总是在激光束的前沿，并且，最高温度只是激光束所在有限元单元上的很小一部分。

从表 9 - 1 可以看出，随着快速成形在 Y 轴方向的高度不断增加，相对位置的有限元单元的最高温度逐渐升高。一方面是因为随着成形高度的不断增加，成形向基体传热的距离不断增加，使成形的传热能力降低；另一方面，连续的激光作用使成形的内能不断增加，未来得及传递的热量必然会使整个成形的温度连续上升。

在激光换向的位置，激光作用处的有限元单元的最高温度在很短的时间内（小于载荷步步长）猝然上升再回落，这显然是在 Y 方向（高度方向）传热不及时的结果。

考察图 9 - 3 ~ 图 9 - 18，并通过对激光束熔化金属粉末时的单个有限元单元的分析比较，发现在最下面的几层内，虽然最高温度已经超过金属粉末的熔点，但是有限元单元的大部分体积都还达不到熔化的温度。这与试验时最低层很难成形，需要较长的时间才能形成堆积层一致。为了使底层易于成形，增加功率密度是一个有效的办法。

当成形到达一定的高度后，由于随着高度的增加温度不断升高，尤其是在原型的两端，最高温度在很短的瞬间已经超过沸点，超过熔点的熔化区不断地扩大，这时候降低功率密度是一个有效的方法，尤其是在速度换向的位置。如果不降低功率密度，成形到一定高度后，在温度较高的熔池位置，由于部分熔化的金属溶液来不及凝固而流走，不能继续成形。这与试验时，如果不控制功率密度，成形就不能垒高的情况一致。尤其是在两端速度换向的位置，首先会发生这种情况。

在计算机仿真时，没有考虑速度换向位置所需要的时间，如果考虑这个时间，即使很短，则激光束的作用时间会更长，换向位置的温度会更高。

考察图 9 – 18，可以发现在成形的最低层（第一层），在 Z 方向存在明显的温度差。这是因为基体关于成形是不对称的。但是，从成形的第二层开始，Z 方向的温度差几乎消失，这说明从整个成形过程来看，可以认为 Z 方向的温度场是均匀的。

Z 方向是成形的宽度方向，如何控制成形的宽度是快速成形的关键技术之一，由 Z 方向的温度场结论可知：在宽度方向是单层的成形，可以认为宽度方向没有温差。

9.2　激光快速成形技术制备金属功能零件倾斜极限

在功能梯度材料激光快速成形技术中，由于支撑材料、工艺局限等诸多因素的影响，在成形过程中很难采用支撑的方式来解决成形梯度零件悬垂的问题，而侧壁倾斜角度也受到一定的限制。M. L. Griffith 等人采用 LENS 工艺并且通过对熔池的温度、尺寸和热梯度等参数采用闭环控制，制造出具有 40°悬垂角的倾斜圆管，而不采用闭环功能时只能制造出具有 20°悬垂角的倾斜圆管。目前功能梯度材料激光快速成形技术仍不能采用支撑方式，因此在成形复杂功能梯度金属零件方面受到一定的限制，而针对特定材料以及特定工艺参数下倾斜极限的研究，得到适合于指导侧壁倾斜角度设计的理论公式是保证成形过程顺利进行的必要前提。

9.2.1　倾斜极限及层间搭接率

　　许多功能梯度零件都存在侧壁倾斜的几何特征，即侧壁与垂直面之间设计有一定的夹角。由于功能梯度材料激光快速成形工艺分层熔融沉积的特点，侧壁倾斜角度的设计会受到一定的限制，即存在一个倾斜极限。所谓倾斜极限是指成形过程中零件侧面倾斜悬伸的最大角度 α_{max}，如图 9 – 19 所示。当悬伸角度超过 α_{max} 时，熔覆层悬伸端产生塌陷现象，从而影响连续成形加工进程，甚至造成零件在成形过程中中途报废。图 9 – 20a 是圆环零件的 CAD 模型，左侧倾斜角为 0°，右侧倾斜角为 75°，圆环高度为 10mm。图 9 – 20b 是经金属粉末激光成形工艺实际成形（MPLS）的金属零件，零件实体

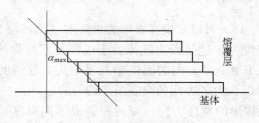

图 9 – 19　倾斜极限示意图

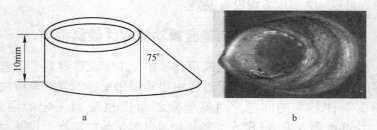

图 9 – 20　倾斜角过大对成形零件的影响

a—圆环零件的 CAD 模型；b—经 MPLS 工艺实际成形的金属零件照片

的左侧高度约为 10mm，且几何特征保持完好；而零件右侧由于选择过大的侧壁倾斜角度，造成熔覆层塌陷，使成形的高度仅为 4.5mm，几何特征发生了严重的缺失。

产生上述结果的主要原因是层间搭接率过低，因此有必要研究功能梯度材料激光快速成形工艺中的倾斜极限角度以及层间搭接率。功能梯度材料激光快速成形工艺中的搭接率分为两种：一种是层内搭接率，是指同一层内扫描线间的搭接比率；另一种是层间搭接率。所谓层间搭接率是指相邻两层之间扫描线间的搭接比率，如图 9 – 21 所示。设扫描线宽度为 b，搭接长度为 l，则层间搭接率 ψ 可用下式表示，层间搭接率主要影响成形零件侧壁的倾斜悬伸情况：

$$\psi = \frac{l}{b} \times 100\% \qquad (9-4)$$

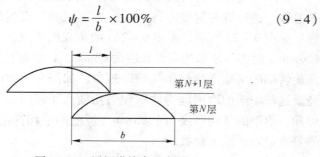

图 9 – 21　层间搭接率示意图

9.2.2　试验方法及其条件

功能梯度材料激光快速成形工艺的倾斜极限可通过理论计算与试验分析相结合的方法加以确定。采用功能梯度材料激光快速成形工艺对旋转薄壁进行成形试验，通过测量与计算确定倾斜极限值以及其对应的层间搭接率。试验在功能梯度材料激光快速成形系统上完成。粉末材料采用商用镍基合金粉末，牌号为 Ni60，粒度为 200 目（74μm）。激光工艺参数与旋转薄壁几何参数见表 9 – 2。

表 9 – 2　试验所涉及的成形工艺参数

激 光 参 数		旋 转 薄 壁 参 数	
激光功率 P/kW	1	成形层厚 δ/mm	0.6
扫描速度 $v_s/\text{mm} \cdot \text{s}^{-1}$	5	成形层数 N	20

激 光 参 数		旋 转 薄 壁 参 数	
送粉速度 v_p/g·min^{-1}	25	层间转角 β/(°)	0.5
光斑直径 D_1/mm	2	薄壁长度 L/mm	100
保护气流量 Q/L·min^{-1}	5		

9.2.3　试验结果与分析

9.2.3.1　成形旋转薄壁的试验结果

采用功能梯度材料激光快速成形工艺，按照表 9 – 2 所列成形工艺参数，进行旋转薄壁零件的成形加工试验，得到旋转薄壁金属零件，如图 9 – 22 所示。由图 9 – 22a 的主视图可见，设计薄壁长度为 100mm，而实际成形的完整长度为 68mm，且以旋转轴为对称轴。远离旋转轴的两端产生熔覆层塌陷现象，如图 9 – 22b 的俯视图所示。造成这种塌陷的原因即为侧壁倾斜角度大于倾斜极限。此外经测量可知，薄壁的平均厚度为 1.95mm，薄壁的平均高度为 12.2mm，基本符合设定的成形参数。

a

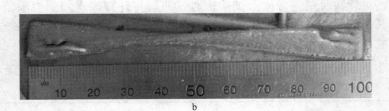

b

图 9 – 22　成形的旋转薄壁金属零件照片

a—主视图；b—俯视图

9.2.3.2 倾斜角度与薄壁旋转半径关系分析

由图 9 - 22 可知，侧壁倾斜角度与薄壁旋转半径相关。随着旋转半径的增加，倾斜角度也相应加大，最终超过倾斜极限，造成熔覆层发生塌陷现象。因此，通过改变薄壁旋转半径，不仅可以得到不同的倾斜角度，而且结合熔覆层塌陷处的旋转半径，也可以确定倾斜极限值。

通过图 9 - 23 所示的示意图，可以分析倾斜角度与薄壁旋转半径的关系，并且计算出倾斜极限值。在图 9 - 23 中，粗实线 CDFE 为薄壁旋转面，直线 OO′ 为旋转轴，沿侧母线 CA 将圆柱展开，平面 CAB′D′ 为半圆柱面，线段 CE′ 为薄壁旋转面一侧螺旋线 CE 的展开线，则角 α 即为倾斜角度。

由设置的成形参数可知，线段 CA 为熔覆高度 h，$h = N \times D$，根据成形参数计算的理论值为 12mm，实际的测量值为 12.2mm；薄壁旋转角度 $\varphi = \beta \times N$，根据成形参数计算的理论值为 10°。

设旋转半径 OA 为 r，则 $\alpha = f(h, \varphi, r)$，其中 h、φ 是与熔覆参数有关的变量。对于确定的熔覆参数，h、φ 为常量，于是有 $\alpha = f(r)$。由图 9 - 23 中的几何关系可以得出任意旋转半径 r 处的倾斜角度计算公式为：

$$\alpha = \arctan(kr) \qquad (9-5)$$

式中，$k = (\pi\beta)/(180\delta)$，$k$ 与层间转角 β 成正比，与层厚 δ 成反比，与成形层数 N 无关。设 r_{max} 为最大半径处的旋转半径，则在本次试验中 $r_{max} = 34mm$，由式（9 - 5）可得，$\alpha_{max} = 26.3°$。

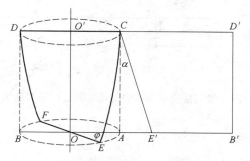

图 9 - 23　倾斜角度与薄壁旋转半径之间的关系示意图

9.2.3.3　层间搭接率与薄壁旋转半径关系分析

由前述分析可知，层间搭接率过低，导致层间金属粉末在聚焦激光作用下熔化后不能完全熔覆并且黏结在一起，而是在重力的作用下落到基体上凝固，从而造成熔覆层塌陷现象的发生。因此，层间搭接率是产生倾斜极限和熔覆层塌陷的直接原因。

对于旋转薄壁零件，可以通过图 9 - 24 计算出层间搭接率与薄壁旋转半径之间的关系，结合倾斜极限处的旋转半径，即可确定保证不发生熔覆层塌陷现象的最低层间搭接率，即极限层间搭接率。

图 9 - 24 所示为旋转薄壁第 N 层与第 $N+1$ 层之间的几何关系。层间夹角为 β，点 O 为旋转轴心，AC 为薄壁的宽度 b，AB 处的搭接率为 100%，则 $l_{AB} = b/\cos(\beta/2)$，$A'B'$ 为旋转半径 r 处的搭接长度 l，OD 为搭接长度正好为 0 的旋转半径 R，则有 $\psi = f(r, \beta, b)$，其中 β、b 是与熔覆参数有关的变量，对于确定的熔覆参数，β、b 均为常量，于是有 $\psi = f(r)$，由图 9 - 24 中的几何关系可得任意旋转半径 r 处的搭接率计算公式：

$$\psi = \left[1 - \frac{2\sin(\beta/2)}{b} \cdot r \right] \times 100\% \qquad (9-6)$$

在本次试验中，$r_{max} = 34mm$，$b = 1.95mm$，$\beta = 0.5°$，由式（9 - 6）可求得在极限倾斜角度下，相对应的最小层间搭接率（即层间极限搭接率）为 $\psi_{min} = 84.8\%$，即为保证金属零件直接成形加工过程不发生熔覆层塌陷现象，层间搭接率至少要在 84.8% 以上。

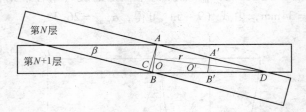

图 9 - 24　层间搭接率与薄壁旋转半径之间的关系示意图

9.2.4　验证试验

在功能梯度材料激光快速成形工艺中，式（9 - 5）为设计无支撑 CAD 模型提供了侧壁倾斜极限角度计算依据，式（9-6）为确定层间极限搭接率提供了计算依据。由于层间搭接率是产生倾斜极限的直接原因，所以在实际确定 CAD 模型侧壁倾斜极限时，首先依据层间极限搭接率 ψ_{min}，通过式（9-6），结合给定工艺参数，确定最大旋转半径 r_{max}，然后将 r_{max} 以及相关给定工艺参数代入式（9-5）中即可计算出侧壁倾斜极限 α_{max}。

为验证式（9-5）及式（9-6），设计另一组参数下的旋转薄壁零件成形试验。保持层间转角 $\beta = 0.5°$ 不变，改变激光光斑直径，使 $D_1 = 3.0mm$，通过试验可得实际的熔覆宽度 $b = 2.9mm$，因此依式（9-6）可计算出最大旋转半径 $r_{max} = 50.5mm$。保持成形层厚 $\delta = 0.6mm$ 不变，依式（9-5）可计算出此组工艺参数下侧壁的倾斜极限 $\alpha_{max} = 36.3°$。为确保不发生熔覆层塌陷的完整成形过程，取旋转半径 $r = 40mm$，进行 65 层的成形试验。成形的金属旋转薄壁零件如图 9-25 所示，理论计算成形高度为 39mm，实际测量的平均高度为 39.4mm；理论计算 $r = 40mm$ 处的 $\alpha = 30.2°$，实际测量值为 30.4°。

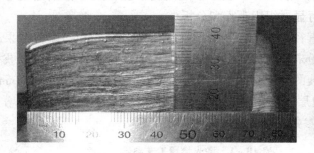

图 9-25　MPLS 工艺成形的金属旋转薄壁零件

10　功能梯度材料激光快速成形零件性能分析

　　功能梯度材料激光快速成形零件的性能分析是研究功能梯度材料激光快速成形技术的重要内容之一。通过功能梯度材料的性能分析与测试，不仅可以直接判定通过激光快速成形制造的功能梯度材料的物理力学性能和微观组织结构，而且可以指导成形工艺参数的合理选择与确定。本章以钛合金功能梯度材料为例，研究测试其制备后的一些主要性能指标。

10.1　功能梯度材料显微组织分析

　　选择一组工艺参数，将制备得到的钛基功能梯度材料制成金相试样，工艺参数如表 10 – 1 所示。利用光学显微镜、扫描电镜等设备对熔覆层进行显微组织观察和分析。

　　固定光斑直径 $D = 2mm$，Ar 气的流量为 20L/min。试验结果表明，对于 1 层粉末，当 $P = 1.8kW$，$v = 6mm/s$ 时，冷却后可以获得表面均匀、连续的熔覆层。对于 2 层粉末，当 $P = 1.8kW$，$v = 4mm/s$ 时获得的熔覆层表面质量良好。对于 3 层粉末，扫描速度需增至 10mm/s，其他参数不变才能使之很好地熔覆。

表 10 – 1　激光熔覆工艺参数

激光功率/kW	扫描速度/mm · s^{-1}	光斑直径/mm
1.8	6	2
1.8	4	2
1.8	10	2

　　在钛合金基体上熔覆 3 层合金粉末，图 10 – 1 ～ 图 10 – 3 分别为熔覆层与基材及熔覆层之间的结合区组织的 SEM 照片。从各图中可

见，第 1 层熔覆层与基材之间，第 2 层熔覆层与第 1 层之间以及第 3 层与第 2 层熔覆层之间均形成了良好的冶金结合，熔覆层成形良好，组织细密，仅存在少量气孔缺陷。从基材到第 1 层、第 2 层再到第 3 层熔覆层的组织特征均不同，这些组织特征与结合区的凝固过程、熔覆层粉末成分以及激光熔覆工艺参数有直接关系。

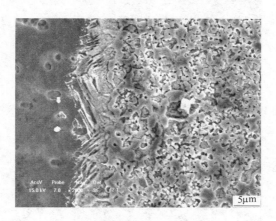

图 10-1 第 1 层粉末与基材结合区组织的 SEM 照片

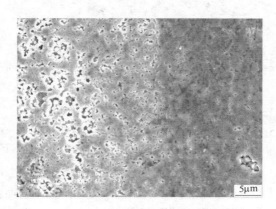

图 10-2 第 1 层与第 2 层粉末结合区组织的 SEM 照片

图 10-4 为第 1 层熔覆层组织的 SEM 照片。颗粒的尺寸在 0.5 ~ 1.0μm 之间，均匀地分布在整个熔覆层中。

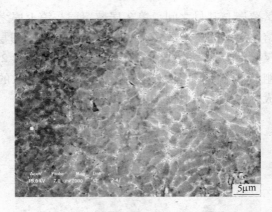

图 10 - 3　第 2 层与第 3 层粉末结合区组织的 SEM 照片

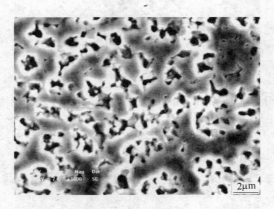

图 10 - 4　第 1 层熔覆层组织的 SEM 照片

图 10 - 5 是第 1 层熔覆层组织成分分析结果。研究结果表明，在第 1 层熔覆层中由于 Ti 的含量较高以及在激光熔覆过程中基体的熔化量较多，对熔覆层的稀释作用较大，熔覆层中形成大量的 Ti 的碳化物。由于熔融 Ti 阻碍了 TiC 粒子的聚集长大，因而获得了均匀细小、弥散分布的 TiC 颗粒增强相。

图 10 - 6 为第 2 层熔覆层组织的照片。由图中可以看出，熔覆层组织基底上均匀分布着球状颗粒和块状相，熔覆层组织均匀细小。

图 10 - 7 为第 2 层熔覆层组织分析结果。通过定量分析发现，Ti

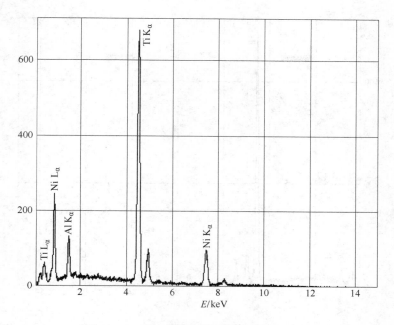

图 10 – 5　第 1 层熔覆层组织成分分析结果

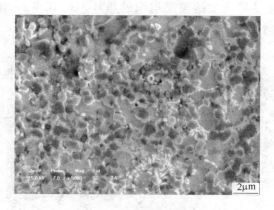

图 10 – 6　第 2 层熔覆层组织的 SEM 照片

中固溶了大量的 Ni、Cr 等元素。显然，熔覆层中的 β – Ti（Cr）是在激光快速熔凝过程中形成的亚稳相。

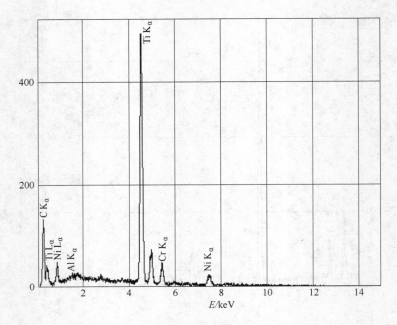

图 10 - 7 第 2 层熔覆层组织成分分析结果

图 10 - 8 为第 3 层熔覆层组织的照片。表 10 - 2 列出了熔覆区各组织组成物成分分析结果。

图 10 - 8 第 3 层熔覆层组织的 SEM 照片

表 10 – 2　熔覆区各组织组成物成分（原子分数）　（%）

C	Ti	Ni	Cr	Al	Si
43.74	49.03	3.02	3.68	0.53	—
45.07	24.68	20.74	7.10	1.47	0.95
29.29	35.26	28.20	4.84	1.68	0.73

图 10 – 9 为第 3 层熔覆层中组织成分分析结果。

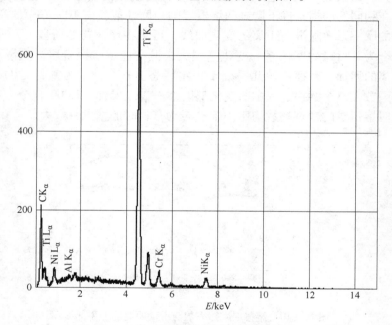

图 10 – 9　第 3 层熔覆层中组织成分分析结果

　　从图 10 – 1 ~ 图 10 – 3 可以看出，多层堆积激光熔覆得到的熔覆层之间的结合良好，层与层之间没有出现明显的分界线。从钛合金基体到熔覆层顶部，主要成分 Ti、Al、Ni、C 和 Cr 的含量均呈梯度变化。可以说明，从基体到熔覆层增强相 TiC 的含量成梯度变化，且逐渐增加，TiC 陶瓷颗粒的耐磨性能高，将有可能提高基材的耐摩擦磨损性能，从而形成功能梯度材料，其性能为从基体到熔覆层耐磨性能逐渐增强的且耐高温的钛基功能梯度材料。

10.2　熔覆层的耐磨性能

　　将试验得到的部分钛基功能梯度材料制成耐磨试样，进行摩擦磨损性能试验。分析熔覆层中 TiC 增强颗粒对提高钛合金耐磨性能的作用。

　　为比较基材对熔覆层耐磨性能的影响，又以 TC4 合金为基材，在其表面激光熔覆相同的熔覆层粉末，采取相同的激光工艺参数，并在相同的磨损条件下测试两熔覆层的耐磨性能。图 10 – 10 为熔覆层的摩擦系数随滑动距离的变化曲线，可见在摩擦初始阶段，Ti600 合金为基材时的摩擦系数变化量很大，但在稳定摩擦阶段，随滑动距离的增加，摩擦系数几乎处于稳定状态。TC4 合金为基材时的摩擦系数在整个磨损过程中的变化都很小。整体来看，Ti600 合金为基材时熔覆层的摩擦系数均比 TC4 合金为基材时的摩擦系数大。

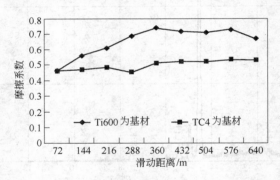

图 10 – 10　熔覆层摩擦系数与滑动距离的关系曲线

　　表 10 – 3 列出了熔覆层及基材在大气环境中的磨损性能数据。从表中可见，基材不同，熔覆层的耐磨性能也不同。以 Ti600 合金为基材时，熔覆层的磨损失重量比以 TC4 合金为基材时熔覆层的失重量小。以 Ti600 合金为基材时，熔覆层的磨损率比基材低约一个数量级，耐磨性能提高了四倍多；以 TC4 合金为基材时，相同熔覆层的磨损率比基材降低了 65.4%，磨损性能提高了两倍多。由此可见，摩擦系数小的熔覆层耐磨性能不一定就好，它们之间没有必然联系，试验得到的两个不同激光熔覆层都有较高的耐磨性能，很好地改善

了基材钛合金的耐磨性能差的缺点。

表 10 − 3   熔覆层及钛合金基材的相对耐磨性和质量磨损率

名　　称	磨损失重量 $\Delta m/\text{mg}$	相对耐磨性 ε_w	磨损率 $I/\text{mg} \cdot \text{m}^{-1}$
Ti600 基材	25.9	—	0.0400
Ti600 + 熔覆层粉末	6.2	4.11	0.0096
TC4 基材	21.9		0.0338
TC4 + 熔覆层粉末	7.6	2.88	0.0117

参 考 文 献

［1］Kobryn P A, Moore E H, Semiatin S L. The effect of laser power and traverse speed on microstructure, porosity and build height in laser – deposited Ti – 6Al4V ［J］. Scr Mater, 2000, 43: 299 ~305.

［2］Liu Weiping, DuPont J N. Fabrication of functionally graded TiC/Ti composites by laser engineered net shaping ［J］. Scr Mater, 2003, 48: 1337.

［3］Frang – Josef Kahlen, Andress Von Klitzing, Aravinda Kar. Hardness, chemical and microstructural studies for laser – fabricated metal parts of graded materials ［J］. Journal of Laser Applications, 2000, 12 (5): 205 ~209.

［4］李金红. 激光焊接技术应用及其发展趋势 ［J］. 科技信息, 2009, (13): 534.

［5］陈武柱. 激光焊接与切割质量控制 ［M］. 北京: 机械工业出版社, 2010.

［6］陈彦宾. 现代激光焊接技术 ［M］. 北京: 科学出版社, 2005.

［7］任万祥. 激光焊接 ［J］. 鞍钢技术, 1980, (8).

［8］张永康. 激光加工技术 ［M］. 北京: 化学工业出版社, 2004.

［9］刘喜明, 关振中. 送粉式激光熔敷获得最佳熔敷层的必要条件及其影响因素 ［J］. 中国激光, 1999, 28 (5): 24 ~28.

［10］刘必利, 谢颂京, 姚建华. 激光焊接技术应用及其发展趋势 ［J］. 激光与光电子学进展, 2005, 9: 43 ~47.

［11］胡伦骥, 姚建华, 漾平, 等. 宽板激光拼接技术及设备 ［J］. 应用激光, 2002, 22 (2): 188 ~192.

［12］姚建华, 苏宝荣. 齿轮激光焊接技术与应用 ［J］. 电力机车, 2002, 25 (4): 20 ~21.

［13］朱海红, 唐霞辉, 朱国富. 激光焊接技术在粉末冶金材料中的应用 ［J］. 冶金粉末技术, 2000, 18 (2): 117 ~121.

［14］Wilks J, Wilks E. Properties and Application of Diamond ［M］. Oxford: Butterworth – Heinemann Ltd., 1991.

［15］姚建华, 孙东跃, 熊缨, 等. 激光焊接超细基胎体金刚石薄壁钻 ［J］. 激光与光电子学进展, 2002, 19 (6): 51 ~54.

［16］梅遂生. 激光加工在电子工业中的应用 ［J］. 激光与红外, 1994, 24 (1): 5 ~8.

［17］Davenport S B, Silk N J, Sellars C M. Development of constitutive equations for modeling of hot rolling ［J］. Mater Sci. Technol., 2000, 16 (5): 539.

［18］咎林. 激光快速成形 TC21 钛合金的组织和力学性能研究 ［D］. 西安: 西北工业大学, 2007.

［19］张鹏, 高宏亮, 初冠南. 板料激光正弦扫描成形研究 ［J］. 制造技术与机床, 2007 (3): 35 ~38.

[20] Lauto A, Dawes J M, Cushway T, et al. Laser nerve repair by solid protein band technique, I. Indentification of optimal laser dose, power and solder surface area [J]. Microsurgery, 1998, 18: 55~59.

[21] 顾永玉, 张兴权, 史建国, 等. 激光半模冲击成形中板料反向变形现象研究 [J]. 激光技术, 2008, 32 (1): 95~97.

[22] 刘卫平, 王彦刚, 章翔, 等. 激光吻合鼠坐骨神经后神经再生及脊髓神经元变化的实验研究 [J]. 中华显微外科杂志, 1999, 2: 53~54.

[23] 刘铜军, 孙东辉, 谭毓铨, 等. 激光焊接皮肤切口的临床研究 [J]. 中华外科杂志, 1999, 37: 408.

[24] 赵红亮, 刘铜军, 刘珍. 低功率 CO_2 激光焊接胆总管的研究 [J]. 中华实验外科杂志, 2002, 19 (5): 474.

[25] Master G, Berey B, Forman S K. The biomedical effects of laser application [J]. Laser Surg and Med, 1985, 8: 31~39.

[26] 巩水利, 汤昱, 杜翔, 等. BT20 钛合金 CO_2 激光焊接工艺 [J]. 焊接, 2002, (10): 32~35.

[27] 王家淳, 王希哲, 惠松骁. HE130 合金激光焊接线能量与焦点位置的研究 [J]. 中国激光, 2003, 30 (2): 179~184.

[28] 张军. Li–ion 电池的激光焊接 [J]. 中国机械工程, 2001, 12 (5): 213~215.

[29] Khersonsky A, Lee H. Induction heating for efficient laser application [J]. Advanced Materials & Process, 2000, (4): 2~6.

[30] Steen W M. Arc augmented laser welding [J]. Metal Construction, 1979, 21 (7): 5636~5641.

[31] Diebold T P, Albright C E. Laser–GTA welding of aluminum alloy 5052 [J]. Welding J, 1984, 63 (6): 18~24.

[32] Hu S. Arc augmented laser welding [J]. Transaction of China Welding Institution, 1993, 14 (3): 27~31.

[33] 王家淳. 激光焊接技术的发展与展望 [J]. 激光技术, 2001, 25 (1): 48~54.

[34] John D, Phiroze K, Nazmi P. Analysis of the laser–plasma interaction in laser keyhole welding. Journal of Physics D: Applied Physics, 1989, 22 (6): 741~749.

[35] John D, Nazmi P. Keyhole model in penetration welding with a laser [J]. Journal of Physics D: Applied Physics, 1987, 20 (1): 36~44.

[36] 王海兴, 陈熙. 用能量平衡法确定激光焊接熔池尺寸 [J]. 工程热物理学报, 2002, 23 (增刊): 153~156.

[37] 刘顺洪, 万鹏腾, 胡良果, 等. 薄板激光焊接温度场的数值研究 [J]. 电焊机, 2001, 31 (8): 16~19.

[38] 管弘一, 陈铁力, 陈君若, 等. 激光淬火温度场及材料性能的数值模拟 [J]. 中国激光, 1999, 26 (3): 70~76.

[39] 杨森，黄卫东，刘文今，等. 激光表面快速熔凝过程中熔区组织重构 [J]. 应用激光，2001，21（4）：225～228.

[40] 刘常升，陈岁元，尚丽娟，等. C – TiAl 合金激光表面气相氮化层的组织与性能 [J]. 中国激光，2002，29（29）：277～288.

[41] 查莹，周昌炽，唐西南，等. 改善激光熔敷镍基合金和陶瓷硬质相变合金层性能的研究 [J]. 中国激光，1999，26（10）：82～86.

[42] 贾俊红，钟敏霖，刘文今，等. Ti 对 Fe – C 合金表面激光熔敷复合材料层组织和性能的影响 [J]. 激光杂志，2000，20（4）：145～148.

[43] 钟敏霖，刘文今. 45kW 高功率 CO_2 激光熔敷过程中裂纹行为的实验研究 [J]. 应用激光，1999，19（5）：193～197.

[44] 任乃飞，高传玉. 碳钢的激光冲击强化研究 [J]. 激光技术，2000，24（2）：65～67.

[45] 张永康. 激光冲击强化效果的直观判别与控制方法的研究 [J]. 激光技术，2000，（5）：83～88.

[46] Iqant S, Sallamand P, Bvannes A, et al. MoSi$_2$ laser cladding – a comparison between two experimental procedures: Mo – Sionline combination and direct use of MoSi$_2$ [J]. Optics & Technology, 2001, 33 (7): 461～469.

[47] Kokai F, Taki M, Ishihara M, et al. Effect of laser fluence on the deposition and hardness of boron carbide thin films. Applied Physics A Material Science & Process, 2001, 74 (4): 533～536.

[48] Hussain O M, Madhuri K S V, Ramans C V, et al. Growth and characteristics of reactive pulsed laser deposited molybdenum trioxide thin films. Applied Physics A: Materials Science & Process, 2001, 75 (3): 417～422.

[49] Geiger M. Synergy of laser material processing and metal forming [J]. CIRP Annals, 1994, 43 (2): 563～570.

[50] Magee J, Watkins K G, Steen W M. Advances in laser forming [J]. Journal of Laser Applications, 1998, 10 (6): 235～246.

[51] 管延锦. 板料激光弯曲成形机理及其三维有限元仿真 [D]. 济南：山东大学，2000.

[52] 季忠，刘庆斌，吴诗惇. 板料的激光快速成形技术及其应用 [J]. 中国机械工程，1996，7（6）：54～55.

[53] Gremaud M, Wagniere J D, A. Zryd, et al. Laser metal forming: process fundamentals surface engineering [J]. 1996, 12 (3): 251～259.

[54] Frackiewicz H. High – technology metal forming [J]. Industrial Laser Review, 1996, 10: 15～17.

[55] 王秀凤. 薄板激光弯曲机理的研究 [J]. 锻压技术，2001，26（4）：29～33.

[56] Geiger M, Vollertsen F. The mechanisms of laser forming [J]. CIRP Annals, 1993, 42

(1)：301～304.

[57] Vollertsen F. An analytical model for laser bending [J]. Laser in Engineering, 1994, 2：261～276.

[58] Arnet H, Vollertsen F. Extending laser bending for the generation of convex shapes [J]. Journal of Engineering Manufacture, 1995, 209 (1)：433～442.

[59] Vollertsen F. Mechanism and models for laser forming [C]. Laser Assisted Net Shape Engineering, Proceedings of the LANE' 94, Meisenbach, Bamberg, 1994：345～360.

[60] 管延锦, 孙胜. 板料激光弯曲的屈曲机理的研究 [J]. 激光技术, 2001, 25 (1)：11～14.

[61] Namba Y. Laser forming of metals and alloys [C] // Proceedings of Laser Advanced Materials Processing, LAMP' 87, Osaka, Japan, 1987：601～606.

[62] Vollertsen F, Rodle M. Model for the temperature gradient mechanism of laser bending [C] //Laser Assisted Net Shape Engineering, Proceedings of the LANE' 94, 1994, 1：371～378.

[63] Holzer S, Arnet H, Geiger M. Physical and numerical modeling of the buckling mechanism [C] // Laser Assisted Net Shape Engineering, Proceedings of the LANE' 94, 1994, 1：379～386.

[64] Kraus J. Basic processes in laser bending of extrusions using the upsetting mechanism [C] //Laser Assisted Net Shape Engineering Proceedings of the LANE' 97, Meisenbach, Bamberg 1997, 2：431～438.

[65] Vollertsen F, Komel I, Kals R. The laser bending of steel foils for micro parts by the buckling mechanism—a model [J]. Modeling and Simulation in Materials Science and Engineering, 1995, 3 (1)：107～119.

[66] 石永军. 激光热变形机理及复杂曲面板材热成形工艺规划研究 [D]. 上海：上海交通大学, 2007.

[67] 陈敦军, 吴诗惇. 板料激光成形的机制及其应用 [J]. 兵器材料科学与工程, 2000, 23 (6)：58～61.

[68] 石经纬, 李俐群, 陈彦宾, 等. 不同激光热源模式下薄板弯曲特性数值模拟 [J]. 中国激光, 2007, 34 (9)：1303～1307.

[69] 吕波. 金属板材激光弯曲成形的数值模拟及实验研究 [D]. 大连：大连理工大学, 2004.

[70] Namba Y. Laser forming in space [C] //C. P. Wang (Ed.), Proceedings of the International Conference on Lasers' 85, Osaka, Japan, 1986：403～407.

[71] Scully K. Laser line heating [J]. Journal of Ship Production. 1987 (3)：237～246.

[72] Asubuchi K M. Studies at M. I. T. Related to application of laser technologies to metal fabiraiton [C]. Proc. LAMP' 92, 1992：939～946.

[73] Frackiewiez H. Technology of metal shaping by laser [M]. Institute of fundamental techno-

logical research, Polish academy of science, 1994.

[74] Fraekiewiez H, Kalita W, Mueha Z, et al. Laser forming of sheets [J]. VDI – Berichte, 1990, 317 ~328.

[75] Frackiewicz H, Trampczynski W. Shaping of tubes by laser beam [C]. Proceedings of the 25th International Symposium on Automotive Technology and Automation, ISATA, 1992: 373 ~380.

[76] Geiger M, Vollertsen F, Deinzer G. Flexible straightening of car body shells by laser forming [C]. SAE Paper, 1993.

[77] Hennige T, Holzer S, Vollertsen F, et al. On the working accuracy of laser bending [J]. Journal of Materials processing Technology, 1997 (71): 422 ~432.

[78] Amada S, Shirai N. Bending deformation of thin plate heated locally by laser [J]. A Hen/ Transactions of the Japan Society of Mechanical Engineers, 1996 (62): 2764 ~2769.

[79] Magee J, Watkins K G, Steen W M. Laser forming of aerospace alloys [C]. Proceedings of The 1997 Laser Materials Processing Conference, ICALEO' 97, 1997.

[80] Yau C L, Chan K C, Lee W B. Laser bending of lead frame materials [J]. Journal of Materials Processing Technology, 1998 (82): 117 ~121.

[81] An K Kyrsanidi. Numerical and experimental investigation of the laser forming process [J]. Journal of Materials Processing Technology, 1999 (87): 281 ~290.

[82] Th B Kermanidis, An K Kyrsanidi. Numerical simulation of the laser forming process in metallic sheet metals [C]. Proceedings of the International Conference on Computer Methods and Experimental Measurements for Surface Treatment Effects, 1997: 307 ~316.

[83] Cheng P J, Lin S C. An analytical model for the temperature field in the laser forming of sheet metal [J]. Journal of Materials Processing Technology, 2000 (101): 260 ~267.

[84] Bao Jiangcheng, Yao Y Lawrence. Study of edge effects in laser bending [J]. American Society of Mechanical Engineers, 1999: 941 ~948.

[85] Bao Jiangcheng, Yao Y Lawrence. Analysis and prediction of edge effects in laser bending [J]. Journal of Manufacturing Science and Engineering, 2001, 123: 53 ~61.

[86] Thomas Hennige. Development of irradiation strategies for 3D – laser forming [J]. Journal of Materials Processing Technology, 2000 (103): 102 ~108.

[87] Hu Z, Labudovie M, Wang H, et al. Computer simulation and experimental investigation of sheet metal bending using laser beam scanning [J]. International Journal of Machine Tools and Manufacture, 2001 (41): 589 ~607.

[88] Cheng P J, Lin S C. Using neural networks to predict bending angle of sheet metal formed by laser [J]. International Journal of Machine Tools and Manufacture, 2000, 40 (8): 1185 ~1197.

[89] 季忠, 李淼泉, 等. 板料激光成形时的温度场研究 [J]. 塑性工程学报, 1997, 4 (2): 14 ~18.

[90] 季忠，吴诗惇．板料激光成形时的形变场研究［J］．塑性工程学报，1998，5（2）：33～38．

[91] 季忠，吴诗惇．板料激光弯曲变形的几何与能量效应研究［J］．航空精密制造技术，1996，32（4）：21～23．

[92] 季忠，吴诗惇．板料激光弯曲成形数值模拟［J］．中国激光，2001，28（10）：953～956．

[93] 季忠．板料激光成形数值模拟及工艺优化［D］．济南：山东大学，2001．

[94] 王忠雷，季忠，孙军华，等．板料激光弯曲成形工艺参数优化设计［J］．热加工工艺，2003（1）：44～48．

[95] 张鹏，季忠，刘国强．板料激光弯曲成形技术的研究现状及展望［J］．山东机械，2004（5）：13～16．

[96] Ji Zhong, Wu Shichun. FEM simulation of the temperature field during the laser forming of sheet metal［J］. Journal of Materials Processing Technology, 1998,（74）：89～95.

[97] 张鹏，季忠．板料激光曲线弯曲成形温度场的数值研究［J］．制造技术与机床，2006（11）：37～40．

[98] 李纬民，Geiger M，Vollertsen F．金属板材激光弯曲成形规律的研究［J］．中国激光，1998，25（9）：859～864．

[99] 李纬民，卢秀春，刘助柏．激光弯曲工艺中板材厚度的影响规律［J］．中国有色金属学报，1999，9（1）：39～44．

[100] 李纬民．金属板材激光成形技术及应用前景［J］．锻造与冲压，2007，（11）：56～60．

[101] 管延锦，孙胜，栾贻国，等．板料三维激光成形的有限元仿真［C］．Marc 年会文集，2000．

[102] 管延锦，孙胜，栾贻国，等．板料激光弯曲成形角度的解析研究［J］．光电子·激光，2004，15（4）：483～486．

[103] 管延锦，孙胜，等．板料三维激光成形研究［J］．应用激光，2002，22（4）：397～400．

[104] 管延锦，季忠，郝滨海，等．材料性能参数对板料激光弯曲成形的影响［J］．光电子·激光，2001，12（1）：87～90．

[105] 管延锦，孙胜，赵国群，等．激光能量密度对激光弯曲成形的影响［J］．应用激光，2003，23（3）：135～138．

[106] 管延锦，孙胜，赵国群，等．预约束应力作用下的激光弯曲成形仿真工艺研究［J］．中国激光，2002，29（8）：755～758．

[107] 刘杰，孙胜，管延锦．箔材激光弯曲成形的有限元模拟［J］．华中科技大学学报，2007（35）增刊Ⅰ：157～159．

[108] 王秀凤，Janos Takaes，Gyorgy Krallics．薄板激光弯曲机理的研究［J］．锻压技术，2001（4）：29～30．

[109] 王秀凤，吕晓东，胡世光，等．薄板激光弯曲温度场的数值模拟与校验［J］．北京航空航天大学学报，2003，29（5）：377~381．

[110] 王秀凤，Janos Takacs，Gyorgy Krallic．激光弯曲机理的试验研究［J］．北京航空航天大学学报，2002，28（4）：473~476．

[111] 刘顺洪，周龙早，王令红，等．金属板材三维激光弯曲成形的研究［J］．航空制造技术，2001，（4）：42~43．

[112] 杨晶，刘顺洪，万鹏腾，等．板料激光弯曲成形的温度场三维数值研究［J］．激光技术，2003，27（2）：97~100．

[113] 刘顺洪，胡乾午，周龙早，等．激光弯曲成形 Ti－7Al－2Zr－2Mo－2V 的组织及性能研究［J］．中国激光，2002，29（11）：1049~1053．

[114] 刘顺洪，万鹏腾，杨晶．激光弯曲成形数值模拟的研究进展［J］．激光技术，2002，26，（3）：161~164．

[115] 刘顺洪，周龙早．金属板材的三维激光弯曲成形的研究［J］．应用激光，2001，21（1）：18~20．

[116] 刘顺洪，万鹏腾，方雄．金属板材激光弯曲成形应力应变场的数值模拟［J］．电加工与模具，2003（3）：39~43．

[117] 刘顺洪，方雄，周龙早．三维激光弯曲成形研究的新进展及发展趋势［J］．电加工与模具，2003（6）：5~9．

[118] 张立文，钟琦，裴继斌，等．船舶钢板激光弯曲成形过程的有限元数值模拟［C］．2002 中国机械工程学会年会，2002，11：382~386．

[119] 张立文．数值模拟技术在金属材料固态加工中的应用［D］．大连：大连理工大学，2004．

[120] 张立文，吕波，裴继斌，等．船舶钢板激光弯曲成形的数值模拟及实验研究［J］．科学技术与工程，2004，4（1）：28~34．

[121] 张立文，刘承东，裴继斌，等．船用钢板激光弯曲成形试验过程数据采集系统的开发［J］．计算机测量与控制，2003，11（8）：606~609．

[122] 吕波，张立文，裴继斌，等．网格自适应技术在船用钢板激光弯曲成形过程数值模拟中的应用［J］．塑性工程学报，2004，11（5）：25~28．

[123] 张立文．钛合金薄板激光成形特性研究［D］．哈尔滨：哈尔滨工业大学，2005．

[124] 裴继斌，张立文，吕波，等．中厚船舶钢板激光弯曲成形几何效应的数值模拟［J］．塑性工程学报，2005，12（1）：34~37．

[125] 裴继斌，张立文，吕波，等．钢板激光多次扫描弯曲成形的数值模拟［J］．哈尔滨工业大学学报，2005，37（6）：783~785．

[126] 裴继斌，张立文，王存山，等．厚钢板激光多次扫描弯曲成形的研究［J］．中国机械工程，2007，18（12）：1434~1437．

[127] 裴继斌，张立文，张全忠，等．扫描次数对钢板激光弯曲成形影响的模拟［J］．中国激光，2007，34（12）：1721~1725．

［128］王忠雷. 板料激光弯曲成形工艺参数优化设计［D］. 济南：山东大学，2002.

［129］季忠，王忠雷，焦学健，等. 板料激光弯曲成形工艺参数优化设计［J］. 锻压技术，2002，（6）：38～41.

［130］刘韧，王忠雷，季忠. 基于人工神经网络的板料激光成形工艺优化［J］. 锻压技术，2005，30（1）：26～29.

［131］季忠，刘韧，王忠雷，等. 基于遗传算法的板料激光弯曲成形工艺优化设计［J］. 锻压装备与制造技术，2003，38（5）：79～82.

［132］钟国柱，黎明. 预弯曲率对成形效果的影响［J］. 焊接，1985（7）：1～7.

［133］徐秉业，刘信声. 应用弹塑性力学［M］. 第2版. 北京：清华大学出版社，2004.

［134］张文绒. 焊接传热学［M］. 北京：机械工业出版社，1987.

［135］朱晓勇. 1Cr17Ni2不锈钢板料激光弯曲成形数值模拟［D］. 合肥：合肥工业大学，2006.

［136］P. J. Cheng, S. C. Lin. An analytical model for the temperature field in the laser forming of sheet metal［J］. Journal of Materials Processing Technology, 2000（101）：260～267.

［137］沈洪，石永军，姚振强，等. 板料激光直线扫描弯曲角度的解析模型［J］. 上海交通大学学报，2006，40（9）：1526～1528.

［138］石永军，沈洪，姚振强，等. 激光热成形温度场和变形场相似性研究［J］. 光电子·激光，2006，17（8）：1018～1024.

［139］金雄，姚振强. 板材激光成形的全工艺曲面模拟生成方法［J］. 上海交通大学学报，2008，42（1）：91～100.

［140］金雄，姚振强. 关于板件激光热成形工艺规划方法的研究［J］. 机械设计与研究，2007，23（4）：93～95.

［141］新野正之，平井敏雄，渡边龙三. 倾斜机能材料——宇宙机用超耐热材料应用［J］. 日本复合材料学会志，1987，13（6）：257～264.

［142］新野正之. 功能梯度材料研究［J］. 日本复合材料学会志，1987，14（5）：257.

［143］新野正之. 渐变功能材料的开发［J］. 工业材料，1990，38（12）：18.

［144］傅正义，袁润童，等. 梯度功能材料的研究［J］. 复合材料学报，1992，9（1）：23～30.

［145］张宇民，赫晓东，等. 梯度功能材料［J］. 宇航材料工艺，1998，28（5）：5～10.

［146］韩杰才，徐丽，王保林，等. 梯度功能材料的研究进展及展望［J］. 固体火箭技术，2004，27（3）：207～215.

［147］陈东，杨光义，王国元，等. 功能梯度材料的进展［J］. 青岛建筑工程学院学报，2001，22（4）：1.

［148］Mortensen A, Suresh S. Functionally graded metals and metal－Ceramic composites. Part 1：Processing［J］. International Materials Reviews, 1995, 40（6）：239～265.

［149］陈再良，金康，刘淑英，等. 机械工程用功能梯度材料涂层制备技术及其应用

[J]. 金属热处理, 2002, 27 (3): 5~8.

[150] 陈方明, 朱诚意. 功能梯度材料的研究现状及发展 [J]. 电镀与涂饰, 2000, 19 (6): 42~48.

[151] Yoshinari Miyamoto. Functionally graded material manufacture properties [J]. American Ceramic Society, 1997, 54 (3): 567.

[152] Elkedim O, Cao H S, Guary D. Preparation and corrosion behavior of nanocrystalline iron gradient materials produced by powder processing [J]. Mater Processing Technology, 2002, 121 (2~3): 383.

[153] 黎文献, 张刚, 赖延清, 等. 梯度功能材料的研究现状与展望 [J]. 材料导报, 2003, 17 (9): 222~225.

[154] Zhang Yumin, Han Jiecai, Zhang Xinghong, et al. Rapid protyping and combustion synthesis of TiC/Ni functionally gradient materials. Mater Sci. Eng., 2001, 299: 218.

[155] Peters A M, Moore J J, Reimanis I, et al. Cathodic Arc Evaporation of Funtionally Graded Chromium Nitride Thin Films for Wear Resistant and Forming Applications [J]. Materials Science Forum, 1999, 308~311: 283~289.

[156] 雷孙栓, 李宁, 王鸿建. 电沉积梯度功能材料概述 [J]. 材料保护, 1995, 28 (7): 12~14.

[157] Rodriguez - Castro R, Wetherhol R C, Kelestemur M H. Microstructure and mechanical behavior of functionally graded AlA359/SiCp composite [J]. Mater Sci. Eng., 2002, 323 (1~2): 445.

[158] Mazumder J, Dutta D, Kikuc N N, et al. Closed loop direct metal deposition: art to part [J]. Optics and Lasers in Engineering, 2000, 34: 397~414.

[159] 张魁武. 国外激光熔覆应用和直接熔覆金属零件及梯度材料制造 [J]. 金属热处理, 2002, 27 (9): 1~4.

[160] W M 罗森诺, 等. 传热学基础手册 [M]. 齐欣, 译. 北京: 科学出版社, 1992.

[161] 董大栓. 水火弯板成形规律及加工参数的确定研究 [D]. 上海: 上海交通大学, 2001.

[162] 科利尔 J G. 对流沸腾和凝结 [M]. 魏先英, 等译. 北京: 科学出版社, 1982.

[163] Frang - Josef Kahlen, Andress Von Klitzing, aravinda Kar. Hardness, chemical and microstructural studies for laser - fabricated metal parts of graded materials [J]. Journal of Laser Applications, 2000, 12 (5): 205~209.

[164] Ki - Hoon Shin, Harshad Natu. A method for the design and fabrication of heterogeneous objects [J]. Mater Des, 2003, 24: 33.

[165] Pei Y T, Ocelik V, et al. SiCp/Ti6A14V functionally graded materials produced by laser melt injection [J]. Acta Mater, 2002, 50: 2035.

[166] Pei Y T, Th J, De Hosson M. Five - fold branched Si particles in laser clad functionally graded materials [J]. Acta Mater, 2001, 49: 56.

[167] Ge Chang – chun, Zhou Zhang – jian, Ling Yun – han. New progress of metal – based functionally graded plasma – facing materials in China ［J］. Materials Science Forum, 2003, （423 ~ 425）: 11 ~ 16.

[168] 储成林, 朱景川, 尹钟大. HATi/Ti/HATi 轴对称生物功能梯度材料的制备及其热应力缓和特性 ［J］. 中国有色金属学报, 1999, 9 （7）: 57 ~ 62.

[169] Lin Wei, Bai Xin – de, Ling Yun – han, et al. Fabrication and properties of axisynmetric WC/Co functionally graded hard metal via microwave sintering ［J］. Materials Science Forum, 2003, （423 ~ 425）: 55 ~ 58.

[170] 李云凯, 王勇, 李树奎, 等. PSZ/Mo 功能梯度材料 ［J］. 复合材料学报, 2003, 20 （6）: 42 ~ 46.

[171] 徐智谋, 董泽华, 郑家燊. 化学镀 SiC/Ni – P 功能梯度材料工艺、组织及性能 ［J］. 宇航材料工艺, 1999, （5）: 48 ~ 53.

[172] 赵涛, 陈秋龙, 蔡珣, 等. 铝硅合金表面激光 Ni/WC 梯度层组织结构 ［J］. 上海交通大学学报, 2002, 36 （1）: 32 ~ 36.

[173] 杨睿, 郭东明, 徐道明, 等. 理想材料零件数字化制造中的自适应切片算法研究 ［J］. 中国机械工程, 2003, 14 （9）: 770 ~ 772.

[174] 李永, 张志民, 马淑雅. 三维梯度功能材料层间力学模型与应力分析 ［J］. 宇航学报, 2001, 22 （2）: 79 ~ 85.

[175] 吴晓军, 刘伟军, 王天然. 基于体素模型的 CAD 零件异质材料建模方法 ［J］. 机械工程学报, 2004, 40 （5）: 111 ~ 117.

[176] 吴晓军, 刘伟军, 王天然. 基于三维体素模型的 FGM 信息建模方法 ［J］. 计算机集成制造系统——CIMS, 2004, 10 （3）: 270 ~ 275.

[177] 管延锦, 孙胜, 季忠. 板料激光成形技术的实验研究 ［J］. 光学技术, 2000 （3）: 260 ~ 262.

[178] 李晓星. 板材成形模拟的研究和应用 ［J］. 金属成形工艺, 2003 （2）.

[179] Peng Cheng, Y Lawrence Yao, Chao Liu, et al. Analysis and prediction of size effect on laser forming of sheet metal ［J］. Journal of Manufacturing Processes, 2005, 1 （1）: 28 ~ 41.

[180] 漆海滨, 张正文, 邱占武, 等. 应用 ESPI 研究强激光作用下金属材料的热变形 ［J］. 强激光与粒子束, 1994, 6 （1）: 107 ~ 111.

[181] 关小军, 李阳, 周家娟, 等. 热变形制度对 0 9 Cu P Ti RE 钢热变形组织行为的影响 ［J］. 钢铁, 2004, 39 （3）: 46 ~ 49.

[182] 王广龙, 周建忠. 铝合金板激光冲击变形实验及有限元模拟 ［J］. 激光技术, 2007, 31 （5）: 555 ~ 557.

[183] 曹金荣, 刘正东, 程世长, 等. T 122 耐热钢热变形加工图及热成形性 ［J］. 北京科技大学学报, 2007, 29 （12）: 1204 ~ 1208.

[184] 高立. 钛合金板料激光冲击变形理论分析和实验研究 [J]. 激光技术, 2007, 31 (1): 89~91.

[185] 陈敦军, 向毅斌, 吴诗惇, 等. 钛合金板料激光曲线弯曲及热辐射对其组织性能的影响 [J]. 金属学报, 2001, 37 (6): 643~646.

[186] 关小军, 桂美文, 田德新, 等. 热轧变形制度对 ELC~BH 钢板组织的影响 [J]. 钢铁研究, 1997, (6): 19~22.

[187] 殷苏民, 张雷洪, 杨兴华, 等. 板料激光斜冲击下受力变形数学分析 [J]. 农业机械学报, 2006, 37 (12): 185~188.